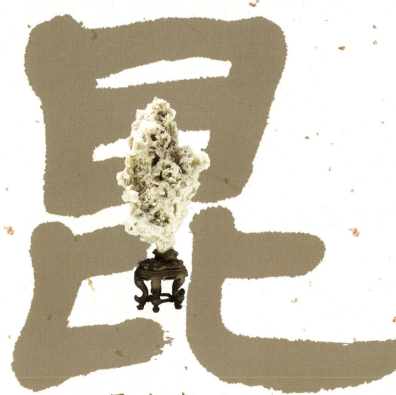

昆山有玉

昆山市档案馆（地方志办公室） 编

苏州大学出版社
Soochow University Press

图书在版编目（CIP）数据

昆山有玉：昆石/昆山市档案馆（地方志办公室）编．—苏州：苏州大学出版社，2021.11
（昆山市地方文献丛书）
ISBN 978-7-5672-3759-9

Ⅰ．①昆… Ⅱ．①昆… Ⅲ．①观赏型—石—鉴赏—昆山 Ⅳ．①TS933.21

中国版本图书馆CIP数据核字(2021)第228053号

书　　名	昆山有玉：昆石 KUNSHAN YOU YU：KUNSHI
编　　者	昆山市档案馆（地方志办公室）
责任编辑	刘　冉
装帧设计	南京德玺文化
出版发行	苏州大学出版社（Soochow University Press）
社　　址	苏州市十梓街1号
邮　　编	215006
印　　装	南京凯德印刷有限公司
网　　址	www.sudapress.com
邮　　箱	sdcbs@suda.edu.cn
邮购热线	0512-67480030
销售热线	0512-67481020
开　　本	787 mm×1 092 mm　1/16　印张　13.5　字数　175千
版　　次	2021年11月第1版
印　　次	2021年11月第1次印刷
书　　号	ISBN 978-7-5672-3759-9
定　　价	86.00元

凡购本社图书发现印装错误，请与本社联系调换。服务热线：0512-67481020

昆山市地方文献丛书编委会

主　任：徐华东

副主任：张　桥

主　编：朱建忠

副主编：陆翔远　徐秋明　苏　晔

编　委：徐　琳　杨伟娴　何旭倩
　　　　谢玉婷

前 言

昆山有玉峰，玉峰出昆石。当我们驻足千年挺秀的玉峰山下，流连溯行于昆石文化的历史长河，这久经汰洗、莹白如雪的奇石已不仅仅意味着大自然的神工化育、物以稀为贵的身价不菲，与之关联的更是高洁的人格象征、高远的审美诉求及高山流水般的民族精神。唯有玉峰所出者，才是昆石；而昆石的魅力正源于源远流长的中华文明，昆石属于中国。

"金生丽水，玉出昆冈。"昆山、昆石的"昆"字，源自上古典籍中的昆仑山，一座与中华文明起源关系密切的神山，是传说中周穆王见西王母的所在。其后"玉山瑶池"的人文记忆又丰富了昆仑山的形象内涵。"昆山何有？有瑶有珉，穆穆伊人，南国之纪"，后世将昆山片玉进行人格化比附，以此来赞誉西晋时期的杰出才士陆机、陆云兄弟，"昆山昆石"的远古理想又随着时代变迁绵延至今，马鞍山的奇峰异石，包括其所特产的白色石英恰恰与玉石对应契合。人们以昆仑、昆玉来命名山与石，同样也包含着对人才辈出的期盼。

昆石是中华传统赏石的一朵奇葩，渊源有自。赏石的文化渊源包含了华夏传统的文明基因，在悠悠岁月中，人与石结缘、人与石为伴，生以石明志，情以石为誓，留下了无数可歌可泣、神奇而又迷人的中国故事，成为世世代代中国人的精神财富。《石头记》里的世界光怪迷离、绚丽缤纷，而近千年来，出产于昆山玉峰山的昆石更是以其晶莹洁白、玲珑剔透、千姿百态、气质高雅的特质深受古今文人墨客和观赏石爱好者的青睐，围绕着昆石已经形成了一种富有地域特色和独特审美内涵的赏石文化。这种赏石文化，正是博大精深的中华优秀传统文化的一个重要组成部分。

昆石是江南文化的气韵蕴聚，独具风骨。中国的赏石文化在唐宋间渐趋成熟，中国传统士人以石为隽友，无言而自可人的石兄，作为人格化的对象，是可以携之登堂入室的理想同伴。而杜绾在南宋绍兴年间撰著的《云林石谱》，即列有"昆山石"的品类鉴赏，证之以当时诗文，当时以昆石配芭蕉、配菖蒲作为清供雅物的审美实践已蔚然成风。当时有不少士大夫都喜欢将昆山石放在案几上作为摆设，以增添风雅气氛，满足文人的观赏之情。江南收藏奇石的风气，也是与园林的兴盛分不开的。江南园林，几乎没有无石之园。奇石叠积，与花木亭榭相映成景，是构筑园林的基本方法。而玉峰出产的昆石，也带动了当地园林的兴建。至今陈列于亭林园昆石馆中的庭院石"春云出岫"和"秋水横波"为明代旧物，除了其自身高度、形态上的特点外，还因曾被安置于清代纪念昆山大儒顾炎武的亭林祠，而具有文脉赓续、气节不坠的象征意义。

昆石是昆山城邑的形象使者。历史上的昆山人不仅爱石赏石，而且很早就懂得昆石资源的保护。中华人民共和国成立后，昆山市委、市政府十分重视对特殊自然资源昆石的保护，出台地方规定予以明确。至今昆山已设立昆石陈列馆多处，常年举办各种赏石活动，积极有为地展示昆石精品、传播昆石艺术、弘扬昆石文化。在当代昆山，也涌现出了相当一批昆石文化的实践者、研究者和推广人。今日之昆石，既是吸引中外游客造访昆山的"名片"之一，同时也已走出昆山、走向全国、走向世界，在各种博览会、文旅项目及文化交流中成为昆山的文化使者。

2014年12月3日，国务院发布《国务院关于公布第四批国家级非物质文化遗产代表性项目名录的通知》(以下简称《通知》)，《通知》公布了国务院批准的文化部确定的第四批国家级非物质文化遗产代表性项目名录，"赏石艺术"赫然在列，包括昆石欣赏在内的赏石文化在新时代正孕育新的生机。编撰《昆山有玉：昆石》一书，旨在保护自然资源，弘扬江南文化，普及赏石艺术，希望昆石能得到更多读者的青睐。

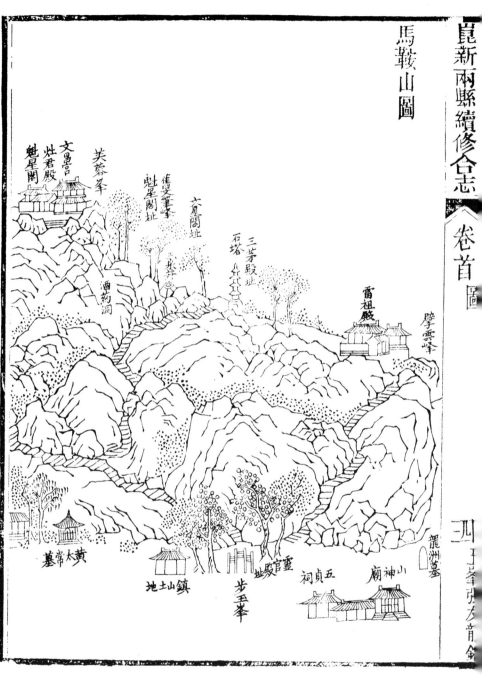

清《光绪昆新两县续修合志·马鞍山图》
（昆山市档案馆 提供）

第四章 秋水横波：昆石品类图鉴 — 103

第一节 桃源云窝：胡桃峰赏隅 108
第二节 宝髻寄禅：杨梅峰赏隅 118
第三节 玉肌新圆：荔枝峰及其他小品种昆石赏隅 128

第五章 吴盐胜雪：昆石的技艺 — 141

第一节 来如风雨去如尘：昆石的选坯与冲洗 144
第二节 除芜存菁始见真：昆石的剔杂与去渍 150
第三节 问讯石兄殊不疏：昆石的立座、陈设与命名 152

第六章 玲珑逸友 — 157

第一节 虚斋清供：昆石与中国传统士人情趣 160
第二节 片语可人：历代昆石诗咏 170
第三节 石亦能言：昆石的民间故事与传说 199

编后记 — 206

目录

第一章 秀峰奇石 — 1

第一节 不信人间有此峰：昆石与玉峰山 —— 4

第二节 历历载籍搜珍巧：昆石在乡邦文献上的记载 —— 10

第三节 奇花异石荟亭林：昆石与玉峰三宝 —— 22

第二章 玉出昆冈 — 33

第一节 仁者乐山：中国石文化与中国古代四大名石 —— 36

第二节 情比石坚：赏石文化中的中国精神与中国态度 —— 47

第三节 昆石含辉：昆石的物理属性与精神赋性 —— 52

第四节 尺壁之间：昆石的品鉴方式 —— 61

第三章 春云出岫：昆石品类图鉴 — 69

第一节 冰心秀骨：鸡骨峰赏隅 —— 72

第二节 梨花赛雪：雪花峰赏隅 —— 82

第三节 莹海仙蜇：海蜇峰赏隅 —— 92

苟非神圣亲手迹

不尔孔窍谁雕刻

第一章 秀峰奇石

中国是一个多山的国度,包括山地、丘陵和高原在内的山区面积占到了全国总面积的近70%。在中国人的意识里,"山"作为自然形态,和"河"一起建构了基本的民族认同,大好河山、山河壮丽、表里山河,等等,不一而足。在现实生活中,山既是各种不可或缺的自然资源的出产地,也是人们作息起居的栖息地。从远古时候起,人们就常常在山川集会,认为这特殊的、或壮美或秀美的自然环境凝聚了自然的灵气。在这里,人们借助于大自然的神秘力量举行各种祭拜仪式,后世帝王也或有封禅之举。同时,因为山峰与天空、太阳更接近,所以在原始崇拜里,山也常常被视为实现人生超越的理想之所。在山之人即为仙人,三山五岳、洞天福地,道家在这里觅道修为,求长生不老之术;而"天下名山僧占多",五山十刹,方外大德也在这里打坐念佛,讲经论禅,不断求索人生的真谛。又有士子英杰常常在廊庙和江湖间做出主动抉择,归隐山林,陶渊明"悠然见南山",孔稚珪寄傲于北山,山林俨然成为士子英杰精神家园的寄托之所。古时士大夫读万卷书,行万里路,或壮游,或宦游,于车马奔驰、舟楫往来之际遥望列岫、登临骋目,将山阴道中目不暇接的无限景致,化为字里行间情景交融的诗文词赋,而重峦叠嶂、奇峰异石的瑰奇自然,就成为人们赏心悦目、陶冶性情的审美对象。其间不乏"直上人间第一峰"的豪迈、"始信人间有此峰"的领悟、"搜尽奇峰打草稿"的历练,更有"相看两不厌、唯有敬亭山"的洒脱。而"三生石上旧精魂"、双溪佳处醒醉石,多少青埂峰下的拙朴顽石记下了红尘里数不尽的喜怒哀乐、悲欢离合。

人们在赋予秀峰奇石寓意时,常常用各种与之酷似相像的动植物及人体形象来给它命名,除了和生活场景关联的直接比附想象外,人们还相信短暂却怒放的鲜活生命能幻化成石,成就永久。无论是织女的支机石,还是思妇的望夫石,石头里都浸润着人间至真至美的情感,在最初名为《石头记》的《红楼梦》里,石蕴玉而生辉,无才补天的石头最终蕴聚成了一块宝玉,而神瑛侍者和绛珠仙

草的木石前盟也胜似尘世中大富大贵的金玉良缘。中国人对无言可人的石之所爱，正缘于一往而深的情之所钟。

近千年来，出产于昆山玉峰山的昆石以其晶莹洁白、玲珑剔透、千姿百态、气质高雅的特点深受古今文人墨客和观赏石爱好者的青睐。围绕着昆石已经形成了一种富有地域特色和审美内涵的赏石文化，同时这种赏石文化也是博大精深的中华优秀传统文化的生动写照。

昆山有玉：昆石。

马鞍山（玉峰山）全景

（王伟明　摄）

第一节 不信人间有此峰：

昆石与玉峰山

昆山、昆石的"昆"字，源自上古典籍中的昆仑山。今天我们在地理上所确认的昆仑山是指亚洲中部大山系昆仑山脉，同时也是中国西部山系的主干。该山脉西起帕米尔高原东部，横贯新疆、西藏间，伸延至青海境内，全长约2500千米，平均海拔5500～6000米，宽130～200千米，西窄东宽，总面积达50多万平方千米。而上古典籍中提到的昆仑山指称的是一座和中华文明起源关系甚密的神山。在一般被认为作于先秦时期的《穆天子传》中，有多处提及周穆王在昆仑住宿、祭祀及参观当年黄帝之宫，而在周穆王出巡与西王母会于瑶池的故事中，其注有引《纪年》"穆王十七年西征昆仑丘，见西王母。其年来见，宾于昭宫"的记载，这一条记载于后世又经《山海经》《列子》《史记》《艺文类聚》《白氏六帖》《太平御览》等先后转录，周穆王在昆仑山瑶池会见西王母就成了周天子礼乐之治的一个典范传说。在《穆天子传》中，还记载了周穆王到过一个"容成氏所守"的"群玉之山"，此处盛产玉石，"天子于是攻其玉石，取玉版三乘，玉器服物，载玉万只。天子四日休群玉之山，乃命邢侯待攻玉者"，玉山瑶池渐又成了昆仑山的形象内涵。在司马迁《史记·大宛列传》中标指区域地名时多处提到了"昆仑"，概括起来主要认识有三点：一是玉山（昆仑山）为西王母居处，二是昆仑为黄河之源,三是昆仑外侧有天竺国,上古传说和扩大了的地理认知,于是被统合在了一起。汉代子部书《淮南子》上说:"昆仑去地一万一千里,上有层城九重,或上倍之,是谓阆风;或上倍之,是谓玄圃",又对昆仑山做了具体化的想象。这里的"阆风""玄圃"后世也经常被人们用于对昆仑的描摹吟诵。

赵孟頫书《千字文》局部

在南朝周兴嗣编纂的《千字文》中,即有"金生丽水,玉出昆冈"的句子。由于这篇供初学识字用的蒙学读物影响非常大,"昆玉"的说法差不多成了每一个读书人的基本知识点。而结合昆山本地的史地沿革来看,昆山古名娄邑,春秋战国时期先属吴国,后属越国,继又归楚国。因吴王寿梦曾在这里蓼鹿狩猎,故又名鹿城。秦始皇二十四年(前223年),秦灭楚后在吴、越故地置会稽郡,以吴县(今苏州市区)为郡治。秦始皇二十六年(前221年),秦统一六国,实行郡县制,置疁县,属会稽郡。秦二世三年(前207年),改疁县为娄县。西汉高帝六年(前201年),娄县属荆国。高帝十一年(前196年),荆国除,娄县属会稽郡。高帝十二年(前195年),立刘濞为吴王,治荆国旧地,娄县属吴国。景帝四年(前153年),吴国废,立刘非为江都王,治吴国旧地,娄县属江都国。(见《汉书》《史记》《晋书》)武帝元狩二年(前121年),江都国废,娄县属会稽郡。王莽始建国年间(9—13年),娄县更名娄治,属会稽郡。东汉建武十一年（35年），复名娄县，仍属会稽郡。永建四年（129年），分会稽郡置吴郡，娄县属吴郡。三国、晋、南朝宋齐，娄县属吴郡。南朝梁天监六年（507年），分吴郡设信义郡，分娄县置信义县，属信义郡，余下的娄县仍属吴郡。南朝梁大同二年（536年），娄县改名昆山县，改属信义郡，昆山县范围大致与秦疁县相同。

大抵在梁代大同年间娄县改名昆山县之时，县所辖区域内，在今天的松江境内有一座山曾被称为"昆山"，后随县治变动，"昆山"这个名字也被移用到了今天的马鞍山（玉峰山），而原先的旧昆山今被称为"小昆山"。小昆山位于今松江西北，地处九峰最南端，名列九峰之末，周围1.5千米，面积约500亩（约33.3万平方米）。呈东南向西北微斜走向，有南北两峰，北低南高，北峰高44米。全山呈"8"字状，圆秀而润，望之如覆盎。远望又如卧牛，北峰形似卧牛之首，故又名"牛头山"。小昆山还是西晋著名文学家陆机、陆云两兄弟的桑梓之地。也许是因为陆机诗中曾有："仿佛谷水阳，婉娈昆山阴"的句子，而好友潘尼赠陆机诗中也曾赋予

马鞍山东侧

（昆山市重点办　提供）

夕阳下的马鞍山

（徐耀民 摄）

第一章 秀峰奇石

了昆山人格化的品质："昆山何有，有瑶有珉，穆穆伊人，南国之纪。"东晋葛洪也曾赞誉陆机"文犹玄圃之积玉，无非夜光焉"，逐渐地，后人也将二陆比作美玉，以"玉出昆冈"来赞誉此处人杰地灵。

而昆石之出产地，人们也常称其为马鞍山、玉峰山，位于今日昆山市玉山镇内，是周边唯一突出的山体。据《苏州山水志》记载该山高80.8米，东西长约600米，南北宽仅百余米，风景秀丽，引人入胜，古有"七十二景"之说。奇峰、怪石、幽洞多达数十处，分布于山体各处，峰峰有貌，洞洞有形，石石有容，形态各异。同时又兼具慧聚寺、刘过墓、文笔峰等众多人文遗迹,可谓"江南园林甲天下,二分春色在玉峰"。明人殷奎《思贤亭记》记马鞍山之胜:"昆山一邑之胜,曰马鞍山,孤峰闯焉拔出于百里之甸,危巅卓锥,峭壁积铁,其奇秀视中吴诸大山顾若貌之而轧其上。以故人之来东者,见辄夺目焉。然自其一山较之,其登览之胜,又莫最西隐。盖山负县北郭,而西隐据阳崖为飞阁,高柟刺天,坎窒在下,境界空阔,泉石艳幽。游者自阛阓喧哄而出,骤一泊此,其意适神爽,有不容言说者。故贤士大夫之之吾邑者,又多赏胜于斯。唐人孟东野、张承吉题诗处曰上方,上方旧趾乃近并西隐,其胜固可想见矣。宋皇祐间,王丞相以使事至县,夜中秉烛入山,读二子诗和之,高风逸韵,遂为古今绝唱。"

亭林园雪景

(昆山城市建设投资发展集团有限公司　提供)

今天，我们已经可以从地质学的研究中了解到玉峰山体的成因。在远古时期，玉峰山是近海中的一座礁石岛，其地下岩石是白云岩，主要成分是碳酸钙和碳酸镁，为寒武纪海相环境的产物。到了新石器时代，长江的泥沙不断冲积，海岸线逐渐向东退去，这座礁石岛便暴露出来，成为山丘。大约五亿年前，在地壳运动中，由于挤压，地下深处岩浆中富含二氧化硅的热溶液侵入白云岩的缝隙，冷却后形成了石英矿脉，这些矿脉呈"鸡窝状"分布，被红泥包裹，与周边包含硅化角砾的石英脉体有着明显的界限。将矿脉清理干净后，其呈现的骨架是由白色的网络石英组成。这些网络石英被人们偶然发现，它晶莹洁白、玲珑剔透，仿佛上好的玉石，足以用在案头供奉。由于它风貌独特，出产稀少，又与江南传统文化中的艺术欣赏理念相契合，所以越来越受人喜爱。因而出产这种石头的山岭，被称为"玉峰山"，这种美石也被命名为"昆石"，一直流传至今。

昆石的主要成分是二氧化硅，其色洁白，含硅量约达99.46%，硬度为莫氏6~7度。根据石英晶簇、脉片的结构不同，昆石被人们分为鸡骨峰、胡桃峰、雪花峰、海蜇峰、杨梅峰、荔枝峰等十多个品种。上好的昆石玲珑剔透、雪白晶莹、峰峦嵌空、千姿百态。昆石又称为"玲珑石""玲珑玉"，与太湖石、雨花石并称为"江苏三大名石"，又与灵璧石、太湖石、英石并称为"中国古代四大名石"。

第二节 历历载籍搜珍巧：
昆石在乡邦文献上的记载

昆山因峰奇而著称，所产奇石相关记载在当地历代方志乡邦文献中也代不乏书汇辑如下，有全同前志者从略：

宋《淳祐玉峰志》：

1. 吾邑因山得名，玉出昆冈，盖所以比机、云也。今山隶华亭，邑所有山实名马鞍。近年以来得石，镵之，则莹洁之态俨与玉同，得非地因人胜，而马鞍山可以出玉耶？当有机、云若人者出，庶不负此山。

2. 马鞍山在县西北三里，高七十丈。山上下前后皆择胜为僧舍。云窗雾阁，间见层出，不可形容绘画也。吴人谓昆山为真山似假山，最得其实。

3. 在"土产"类有"巧石"条："巧石，出马鞍山后。石工探穴得巧者，斫取玲珑，植菖蒲、芭蕉，置水中。好事者甚贵之。他处名之曰昆山石，亦争来售。然恐伤山脉，凿者有禁，止安陈先生立碑在县厅。今间亦私取而得，益可奇，名益重。"

《昆山宋元三志》

（昆山市档案馆　提供）

宋《咸淳玉峰续志》：

"山川"载："前志载昆山在华亭境，而在昆山者，乃马鞍山。其说已详。今以刘澄之《扬州记》考之，谓娄县有马鞍山，天将雨，辄有云来映此山，山亦出云应之，乃大雨。益信马鞍山在昆山之境。而山外之云自相感召，乃他山所未闻，岂不为胜地乎？"

元《至正昆山郡志》：

1. 郡以山为名，其山今隶华亭。《吴地记》云陆氏之祖葬于此，因生机、云，皆负词学，时人以玉出昆冈而名焉。今旧州主山，盖马鞍山也。

2. 马鞍山，在旧治西北三里，高七十丈。上下前后，皆择胜为僧舍。云窗雾阁，间见层出，吴人谓真山似假山也。

明《弘治昆山志》：

1."土产"："玲珑石，出马鞍山中，多窍，可植蒲草。宋志云：止安陈先生恐伤山脉，尝立碑禁凿取，后为好事与有力者购求之，山民竞以此射利。今竭。"

2. 杨维桢《玉山佳处记》："昆邑山本号马鞍，出奇石似玉，烟雨晦暝，时有佳气如蓝田焉，故人亦呼曰玉，又曰昆。"

3."拾遗"有条记："绍兴元年，平江府昆山县石工，采石而山摧，工压焉。三年六月，他工采石邻山，闻其声呼相应答如平生，报其家。凿石出之，见其妻，喜曰：'久闭乍风，肌如裂。'俄顷，声微噤，不语，化为石人，貌如生。"

4."拾遗"有条又记："玄云石，卫文节公园内石也，知州费复初劝农于郊，见之，徙置明伦堂前。陈曾撰铭。"

明《弘治昆山志》

（昆山市档案馆　提供）

明《嘉靖昆山县志》：

1．"土产"有"玲珑石"条："玲珑石，出马鞍山中，多窍，可植蒲草。宋志云：止安陈先生恐伤山脉，尝立碑禁凿取，后为好事者重价购之，山民竟以此射利。又名巧石，他方人又名昆山石。"

2．马鞍山，在县治西北，广袤三里，高七十丈。旧多名区杰构，又得张孟荆公诸诗，尤为绝唱……今虽不逮往昔，然自郡城以东，平畴沃野，而兹山特起其中，天然秀拔，映带湖海，实一方之奇观也。

3．玲珑石亭，在马鞍山北，知县杨逢春刻文于内，禁采石者。

4．西园，在石浦，卫文节公所居，内多奇石，至今废池中每得之。

明《嘉靖昆山县志》

（昆山市档案馆　提供）

明《万历昆山县志》：

1. 马鞍山，在县西北，广袤三里。刘澄之《扬州记》："娄县有马鞍山，天将雨，辄有云来映此山，山亦出云应之，乃大雨。旧志：山高七十丈，孤峰特秀，极目湖海，百里无所蔽。……云窗雾阁，叠见层出，吴人以为真山似假山，最得其实。……登临胜处，古上方为冠，月华阁、妙峰庵次之。山之巅有华藏寺及浮图七级，南有桃源洞，北有凤凰石。"

2. 中多奇石，秀质如玉雪，好事者得之以为珍玩，号昆山石。

3. 明伦堂三间三轩，在大成殿后，前有大石高丈余，玲珑古怪，俨若奇峰，名曰玄雪，一名龙头，卫文节公西园旧物，知州费复初徙置于此。陈曾撰铭。

4. 唐王洮《天王堂记》："马鞍山涌出平原，中绝顶，晴望他山百余里，缘接培塿，咸沟穿塍织，坦然铺出。复多奇石，支叠危柱。"

明《万历昆山县志》

（昆山市档案馆　提供）

清《康熙昆山县志稿》：

1. 县以山名，而县中之山实马鞍山，非昆山也。然山产奇石，凿之复生，镌而濯之，莹洁如玉，邑称玉峰，正不必借胜云间矣。

2. 山产奇石，玲珑秀巧，质如玉雪，置之几案间，好事者以为珍玩，号昆山石。按：巧石多生山腹，傍山之人称山精者，每深入险径以取之。按凌《志》云："近年来得石如玉，是马鞍山可以出玉，当有机、云其人者出焉。"可见元以前石未之显也。明季开垦殆尽，邑中科第绝少，今三十年来，上台禁民采石，人文复盛。闻近复有盗凿者，后之君子所当严为立防者也。

3. 杨子器《桃源洞记》："下瞰石洞，洞以太湖石积垒而成，向南立石，若窗棂通明。内为石室，圆若瓮牖，幽邃可栖禅衲，自上历石级而下，迂曲历洞腹，从西出，延袤数十丈，俗相传称桃源洞。石奇诡，为有力者所取去，洞因不支，颓塌芜废。"

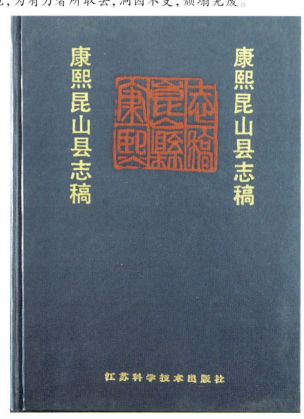

清《康熙昆山县志稿》
（昆山市档案馆 提供）

4. 玉泉亭：在山巅。顾潜《记》："吾邑名昆山，取诸华亭九峰之一。"陆士衡云，"婉娈昆山阴"者是也。自唐割置，山在华亭邑境，而吾邑仍旧名，乃以城中马鞍山者当之。又以山产美石，坚确莹洁，因取 "昆仑出玉"之说，别名"玉峰"，斯固傅会云耳。顾自海上至苏城，夷旷二百里许，惟马鞍拔起数十寻。岩窦奇秀，林薄隐蔼，含精藏云，灵润嘉谷，陟巅南望，九峰皆在几下，谓非邑之镇欤？山故有井，深窈巨测、泉冽而甘，俗传下通海脉，理或然也。邑人赠南昌同知张府君德行，饮而嘉之，尝云："山既玉名矣，泉、山出也，独非玉乎。"遂呼为"玉泉"，而且以自号焉。

5. 风俗：相传形家言，谓城中玉带河不可塞，学宫红墙不可使民家蔽之，西仓小桥不可用石块，而山中所产巧石，尤不可过为开凿，以近事征之颇验。然邑之科名虽盛，而盖藏之家，百无一二。又以为山首瘦削，故秀而多贫。邑中士流，多商贾，少门第；多仓庾，少仕者，词林多，科道少。即四方之贾于昆者，亦书笔多，钱币少。

6. 莫子纯《重修县学记》："壮哉，昆山之为县也，撐结峻绝，白石如玉，沃野坟腴，粳稻油油，控江带湖，与海通彼，山川孕灵，人物魁殊，则所谓'玉人生此山，山亦传此名'，著于荆国文正公之咏，岂徒竦荣于往号，抑亦延光于将来也。"

7. "春云出岫""秋水横波"两石在顾亭林先生乡贤祠内。

清《乾隆昆山新阳合志》：

1. 玲珑石，王同祖《志》云："出马鞍山后，色白多窍，无斧凿痕，峰峦嵌空，玲珑奇巧，一名巧石，又名昆山石。周复俊《山志》云有黄沙洞、鸡骨片、胡桃花诸名，佳者如春风出岫，秋水生波，极天镵神镂之巧。"好事者购供清玩，一卷百金。

2. 本朝乾隆初，昆山知县许松佶、新阳知县白日严因邑人唐德宜等请申宪永禁。

清《乾隆昆山新阳合志》
（昆山市档案馆　提供）

清《道光昆山新阳两县志》：

道光二年冬，里人修筑山路，石工于酒药洞中取出二石条，云其中尚多大石条，以洞口逼仄，不能异出而止。始知所谓深穴者，即酒药洞也。

清《道光昆山新阳两县志》

（昆山市档案馆　提供）

清《光绪昆新两县续修合志》
（昆山市档案馆　提供）

清《光绪昆新两县续修合志》：

1. 国朝道光中，海盐人富开益精形家术，谓马鞍山形向北，庙宇寺观皆南向，实山之背。今昆山东太仓塘农夫锄田，往往拾得昆石，又知山势东走，言似近理。

2. 玲珑石……宋太府丞陈振恐伤山脉，立碑禁凿取。山丁益以此居奇。惟不能携至北方，过黄河则裂，此山幸免穷搜耳。

民国《昆新两县续补合志》：

玉山草堂寒翠石，本维扬王忠玉家快哉亭旧物，上有东坡题识觞咏之语。至正戊寅四月，仲瑛得之于城东尼庵，庵即周太尉宅。断垣之外，石欹卧于高梧之下，仲瑛以粟易归，立诸中庭。

民国《昆新两县续补合志》

（昆山市档案馆　提供）

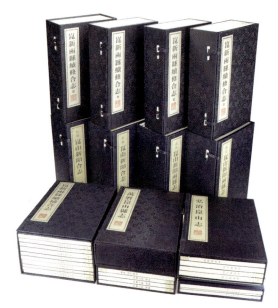

昆山历代县志（整理点校版）

（昆山市档案馆　提供）

另，元明清其他文献中也多提及昆石。

① 元《平江记事》：

昆山，高一百五十丈，周回八里，在今松江华亭县治西北二十三里，昆山州以此山得名。后割山为华亭县，移州治于州北马鞍山之阳。山高七十丈，孤峰特秀，极目湖海，百里无所蔽。历年久远，人不知其故，即呼此为昆山，而忘马鞍山之名矣。山多奇石，秀莹若玉雪，好事者取之以为珍玩，遂名为昆山石。山阳有慧聚寺，依岩傍壑，皆浮屠精舍，云窗雾阁，层见叠出，人以为真山似假山云。

② 明《马鞍山志》：

有黄沙洞、鸡骨片、胡桃花诸名，佳者如春风出岫、秋水生波，极天镜神镂之巧。

③ 明《长物志》：

昆山石，出昆山马鞍山下，生于山中，掘之乃得，以色白者为贵。有鸡骨片、胡桃块二种，然亦俗。尚非雅物也。间有高七八尺者，置之大石盆中，亦可。此山皆火石，火气暖，故栽菖蒲等物于上，最茂。惟不可置几案及盆盎中。

④ 清《吴语》：

昆石佳者，一拳之多价累兼金，有葡萄纹、麻雀斑、鸡爪纹之别。

第三节　奇花异石荟亭林：

昆石与玉峰三宝

中国的赏石文化最迟在宋代已形成时好风气。朝廷上下，从帝王到士大夫，莫不以奇石赏玩为人生志趣。北宋大书法家米芾痴迷于赏石，时有疯癫拜石之举，被人称为"石痴"，引为美谈。而宋徽宗于东南大起"花石纲"，将太湖石、灵璧石等大量奇石运至汴梁（开封）建艮岳，更是带动了举国上下陶醉于赏石的风尚。北宋杜绾撰有《云林石谱》三卷，《四库全书》的总目提要称"是书汇载石品凡一百一十有六，各具出产之地、采取之法，详其形状色泽而第其高下。然如端溪之类兼及砚材，浮光之类兼及器用之材质，不但谱假山清玩也"。其中即列入"昆山石"："平江府昆山县，石产土中，多为赤土积渍。既出土，倍费挑剔洗涤，其质磊块，巉岩透空，无耸拔峰峦势，扣之无声。土人唯爱其色洁白，或栽植小木，或种溪荪于奇巧处，或立置器中，互相贵重以求售。"宋人石公驹在《玲珑石》诗前的序言里说："昆山产怪石，无贫富贵贱悉取置水中，以植芭蕉，然未有识其妙者。余获片石于妇氏，长广才尺许，而峰峦秀整，岩岫崆峣，沃以寒泉，疑若浮云之绝涧，而断岭之横江也。"可见当时以昆石配芭蕉作为清供雅物的审美实践已蔚然成风。宋代诗人曾几嗜石成癖，因为其他石种已搜集很多了，唯独没有昆山石，于是他就直接写信给在昆山主政的强姓友人索讨。逐渐地，人们不仅用昆石来配芭蕉，还用它来配菖蒲，而这已成为时尚，尤其是用它来配雁荡山的菖蒲，陆游诗中"雁山菖蒲昆山石"即为写照。曾经在昆山生活过很多年的范成大在《水竹赞》诗序中说："昆山石奇巧雕镂，县人采置水中，种花草其上，谓之水棐，而未闻有能种竹者。家弟至存遗余水竹一盆，娟净清绝，众棐皆废。竹固不俗，然犹须土壤栽培而后成。此独泉石与俱，高洁不群，是又出乎其类者。"这是将昆石与竹类相配，又别具一番风韵。

当地土产昆石及士大夫对奇石的嗜好，也带动了当地的园林之盛。据明《嘉靖昆山县志》"园池"所载，至明代中期，昆山曾有过已经倾圮的郑氏园、翁氏园、松竹林、陈氏园、北园、西园、洪氏园、孙氏园、依绿园、南园等十余处园林，而其中的陈氏园"水竹宽洁，亭馆宏丽"。宋代状元卫泾旧居西园"内多奇石，至今废池中每得之"。元代昆山富豪顾瑛因为辗转得到了曾经苏东坡题识觞咏的扬州名士王忠玉家快哉亭旧物太湖石"寒翠石"，便于其所居"玉山佳处"筑有拜石坛，并有诗咏之："好事久伤无米颠，清泉白石亦凄然。快哉亭下坡仙友，拜到丹丘三百年"，参加其玉山雅集的友人们纷纷咏题。

历史上的昆山人不仅爱石赏石，而且很早就懂得昆石资源有限，要加以保护。南宋绍熙年间，太府寺丞陈振恐伤山脉，立碑禁凿取。明嘉靖年间，昆山知县杨逢春在马鞍山北建玲珑石亭，刻文于内，禁止采石。当时为朝廷重臣的昆山状元顾鼎臣，曾以私人之力恪尽保护山地之责，当他得知有家人勾结山精毁山牟利时，十分愤怒，他在家书中写道："坟头及山上、山前、家中，松树、牡丹、木樨、梅树之类，今年比旧盛些否？有便写来闻知。顾辅、进福二人，专偷卖山地与人做坟，将大松树都倒了，可恼之甚！汝可拿二人，着实痛治，逐一追问,要招出卖与何人?坟几个?得银多少?偷去松树几棵?何人动手?招出山精名字,都写记明白,具状告本县,就将二狗奴送入监,追痛惩改。正向山地,苦为石工搜剥,斫断山脉。我自弘治十八年起,逐段逐分,用重价契买,归户完粮,不知费几许心思、几许价银,方得山灵安固。无非要拱护一邑秀气,令人杰地灵,绵绵永久。又知山精盗掘巧石,有二分家人吴昌、葛奎专为谋主,图觅重利。顾辅、进福二狗奴全不照管,汝速查访真确,禀知二伯父,一并痛治。我前日已写与尹中尊了,近日再有书达他。此事用意处过回报,毋得视为泛泛。"清乾隆五年(1740年),昆山知县许松佶、新阳知县白日严因邑人唐德宜等请,申宪永禁采挖山石。乾隆八年(1743年)八月,昆山知县吴韬、新阳知县姚士林奉各宪批勒永禁侵损马鞍山,立《永禁侵损马鞍山碑记》。1935年,昆山本地潘鸣凤、徐梦鹰等名士上书当时的民国政府实业部,请求"从严永禁开凿马鞍山山石",该请求经批准由县长发布公告。中华人民共和国成立后,昆山地方党委和政府十分重视对马鞍山及特殊自然资源昆石的保护。1979年9月,昆山县公安局、昆山县革命委员会基建局联合发布《关于加强人民公园治安管理的公告》,公告明确规定不得随意搬动和损坏公园公物。2007年7月27日,昆山市人民政府颁布了《关于禁止盗挖昆石的决定》,其中第五条为:"发现盗挖昆石者,由市公安局依照《中华人民共和国治安管理处罚法》等法律法规按情节轻重,分别给予批评教育或行政处罚,盗挖的昆石全部没收,情节特别严重者,应追究其法律责任。"此决定于2007年8月1日起生效,并立公示牌于玉峰山东西入口处。

昆山今已设立昆石陈列馆多处,积极有为地展示昆石精品、传播昆石艺术、弘扬昆石文化,其中以昆山亭林园昆石馆、千灯景清藏石馆和巴城昆石馆影响最大。昆山亭林园昆石馆坐落在马鞍山之东麓,前身是一千五百多年前古慧聚寺的"东

旧日东斋（今昆石馆）

（杨瑞庆　提供）

昆石馆

（昆山城市建设投资发展集团有限公司　提供）

斋"，馆前有并蒂莲池，馆后有琼花林，中间占地约两亩（约1333平方米），展馆面积336平方米，占地900平方米。馆内陈列了两块分别名为"春云出岫"和"秋水横波"的明代昆石佳品，这两块昆石是未经洗坯处理的原石。千灯景清藏石馆位于昆山千灯老街，由已故昆山市观赏石协会原会长邹景清于2004年创办，馆内收藏有昆石、三峡石、灵璧石、汉石（徐州）及矿物晶体等多个石种，鸡骨峰"玉缕神骨"、

千灯景清藏石馆内景
（张洪军　摄）

巴城昆石馆内景
（张洪军　摄）

昆石小品"昆石十二娇"等为其馆藏昆石精品。巴城昆石馆位于巴城老街中部，由昆石收藏家严健明于2007年创立，陈列有50余件昆石，涵盖了鸡骨峰、杨梅峰、胡桃峰、荔枝峰、海蜇峰等十多个品种。其中鸡骨海蜇峰"独占鳌头""荷叶皱"等尤为珍贵。

2009年7月，昆山市观赏石协会成立，还在侯北人美术馆举办了协会首届昆山赏石展。协会经常组织会员在昆山本地和外省市开展丰富多彩的赏石活动，促进会员主动学习传统赏石和现代赏石理念，处理好传承和创新的关系；引导会员拓宽视野，海纳百川，增加收藏品种，深入理论研究，提高藏石鉴赏水平，把具有千年赏玩历史的昆石文化完好地传承下去,并使之发扬光大。在当代昆山,涌现出了相当一批昆石文化的实践者、研究者和推广人,还撰写出版了昆石的相关著作,大大增进了人们对昆石的认知,也较全面地推广了昆石文化。这些著作包括昆山政协振兴传统文化指导委员会主编《中国古代四大名石之一:昆石》、昆山市观赏石协会主编《昆山石韵》、吴新民编著《中国昆石》(上海科学技术出版社,2008 年)、赵红骑主编《玉峰秀石:昆石加工技艺》(上海人民出版社,2011 年)、石泉中主编《中国昆石谱》(上海人民出版社,2017 年),等等。

亭林园,坐落于昆山市玉山镇老城西北隅,是昆山历史较悠久、景观较集中、知名度较高的一处名胜。马鞍山(玉峰山)屹立其中,奇峰异石、深洞幽谷,层出不穷。据 2006 年版《亭林园志》所列,峰峦有老人峰、野猪峰、擘云峰、红叶峰、

马鞍山天然奇石景观——石门

(张洪军 摄)

亭林园内的千年古银杏

（李鹏苹 摄）

竹笋峰、蹲狮峰、偃松岗、小天台、一线天等；洞谷有水帘洞、朝天洞、长阳洞、抱玉洞、栖霞洞、桃源洞、连环洞、蟹壳洞、朝阳洞、定风洞、黄沙洞、天开神谷等；奇石有紫云岩、夕阳岩、东岩、凤凰石、隔凡石、石门、云根石、卧仙石、巧云石、龟石、没羽石、棋盘石、笔架石、虎化石、仙桥石、擎炉石、蟠龙石、伏龟石、叠浪石、试剑石等。从奇峰到异石再到洞中开采出来的昆石，以玉峰山为景观主体的亭林园俨然一个天然的石文化博物馆。

园内古树名木众多，有千年银杏、五百余年的圆柏、四百多年的桂树、两百多年的柳杉，以及一百多年的雪松、红豆树、白皮松等200多株。此外，遍布亭林园中的还有各种花卉300多种，包括梅花、月季、菊花、桂花、杜鹃花、山茶花、荷花、牡丹、兰花、栀子花、桃花、撒金碧桃、白花碧桃、紫叶桃、蜡梅、米兰、含笑、紫藤、紫薇、含羞玉兰、白玉兰、紫玉兰、二乔玉兰、广玉兰、樱花、萱草、芍药、扶桑、琼花、并蒂莲等，其中琼花、并蒂莲和昆石一齐被誉为"玉峰三宝"，也叫作"亭林园三宝"。

玉峰三宝，既是昆山传统园艺文化的代表，也是今天昆山城市形象的一张人文名片。在昆山市地方志办公室、昆山市档案馆编写的《大好昆山：地情简明读本》中，玉峰三宝即作为"地道风物"推荐给海内外宾朋。

昆石，为中国古代四大名石之一，产于昆山亭林园内马鞍山中。其色白如玉，故马鞍山又名玉峰山。昆石开采至今已有数千年历史。昆石天然多窍，色泽白如雪、黄如玉，晶莹剔透，玉洁冰清，千姿百态，十分奇巧。它具有皱、瘦、透、漏、佝诸特点，故又名巧石、玉石、玲珑石。马鞍山所产之昆石，有数十种之多，有玉峰山东山的杨梅峰、雪花峰，西山的荔枝峰，后山的海蜇峰等，以山前的鸡骨峰、胡桃峰最为名贵，鸟屎峰、石骨峰等次之。昆石历来被视为艺术欣赏、案头清供及园林用石之佳品。亭林园东斋内陈列的"春云出岫""秋水横波"，是明代昆石的遗珍。

并蒂莲，又名"千蕊莲"，前人亦称"千叶莲"，属观赏植物。并蒂莲有"双萼并头""九品莲台""四面拜观音"等诸色，即一枝荷梗上开花多头，最多的一枝开过十三头，但以"双萼并头"最为罕见。"双萼并头"相传是元代文学家、诗人顾瑛（字德辉）从印度引进的名卉，原在正仪东亭顾瑛宅内（亦称"顾园"）。20世纪50年代中期，亭林公园扩建了一个四周有石驳、面积达437平方米的荷池，栽植的"千瓣莲花"就是从顾园移栽来的并蒂莲。每年盛夏季节开放时，荷池便呈现一派"翠盖红幢耀日鲜"的动人景象。

并蒂莲

（昆山市档案馆　提供）

位于昆山亭林园"玉峰佳处"北，有一株树龄较长的琼花。此花何时、何人所栽，已无考。她玉洁冰清，艳姿天成，十分美丽。琼花外形是由八朵白色雄性小花组合而成，因而又称"聚八仙"。古代诗人盛赞她为"天下无双独此花"。亭林园为保护古老名花，建设琼花景观，曾于1990年在昆石馆北侧辟地460平方米建琼花园，园内有琼花树30株。2000年，在西山风景区，凌风阁以北，落星潭以西，辟地2100平方米，再建一琼花园，该园被命名为"丹实琼芳"，园内现有琼花树170株。

吴江陈志强先生曾有一联题"昆山昆石与琼花"，上联写昆石，下联写琼花；以茂苑代称亭林园，以蝴蝶花名琼花，

琼花

(昆山城市建设投资发展集团有限公司 提供)

体现了今日民众对玉峰三宝的熟悉和喜爱。该联在 2011 年 4 月昆山市第十一届琼花艺术节暨亭林园征联活动中被评为"十佳",并入选江苏省楹联研究会编的《江苏当代百联赏析》一书(江苏人民出版社,2014 年),该联由中国书法家协会会员、常熟市书画艺术研究院副院长陈炳彪所书。联曰:"玉出昆冈,江东第一玲珑石;琼开茂苑,天下无双蝴蝶花。"

茅屋两三椽　白石与清泉

更谁问　桃源洞天

第二章 玉出昆冈

石头，云根地骨，万物之基。在亿万年漫长岁月中，它孕育于苍茫寰宇，经历了火山喷发，地动山摇，江海翻腾，风沙磨砺，终于孕育出魁梧挺拔的英姿、桀骜不驯的性格、玉树临风的气质、玲珑剔透的神韵……一旦被人发现，就又以摄人心魄的美，展示自己。

奇石是大自然的精灵，是大自然赋予人类的宝贵财富。它独立成景，自然成画，经久不毁，恒定不移。一景一首诗，一石一天地，奇石以千姿百态的造型、变幻无穷的纹理，给人高雅的精神享受。自古以来，奇石为赏石家和收藏家所宠爱，为文人墨客所赞颂，他们留下了无数诗词画卷，与奇石有关的故事，也在民间广泛流传。古人对奇石的珍爱，并不亚于对金玉珠宝的珍视，古人历来都认为"山无石不奇，水无石不清，园无石不秀，室无石不雅"。

那么，纯粹从艺术欣赏的角度看，奇石这部天书，我们又该如何去阅读呢？

奇石的最大特征是它具有天然性。简单来说，就是在大自然怀抱里孕育而成，从未经过人工雕琢或合成的石头，才能称为奇石。

奇石之奇，还因为它稀有难得，在同类石头中也是十分罕见的。天然形成的奇石，讲究奇形怪状，更讲究和谐完整。奇石一旦由于各种因素遭受损坏，美感就失去了。

作为收藏品的奇石，其体量可大可小，大至奇峰奇岩，小至盈寸卵石，只要体现美感，都足可称道。但有一点，奇石必须与它所放置的环境十分协调。比如说，安徽黄山的飞来石、云南昆明的石林、广西桂林的骆驼石、福建平潭县的石海狮礁石，一旦离开了它们的诞生地，就不再有摄人心魄的美。同样，放置在庭院或几案上的太湖石、斧劈石、灵璧石、昆石，假如移至山野，也顿时黯然失色。

在观赏奇石时，人们往往会说，这块石头很有"水头"。石本无水，何以有水？这其实是想象之水。一则是石身纹饰中有白色或绿色的水波，令人想起"清泉石上流"的诗意；二则是石头表面光亮润滑，有水至柔、至真、至纯之神韵；三则是石质似玉，晶莹剔透，有水之清洌之感。山为实，水为虚，山水相映，虚实相生。石头之水，欲滴而未滴，充满了情趣。

由此可见，赏石是一个艺术审美的过程、一个人与自然相互交融的过程。一方奇石天然具有的美，经由人的视觉、触觉、听觉等，传递到心中，与内心世界产生强烈的共鸣，由此使人获得独特的享受。这是审美主体与客体之间共同感应、共同交融的结果。所以，奇石不仅是一种形象艺术，也是一种心境艺术。

在欣赏奇石时，人们不仅是以目视形，更是以心蕴神，进而达到"天人合一，物我两忘"的境地。一块不能言语、坚硬而冰冷的石头，不仅能够令人联想到人生的逆顺起伏，悟通大千世界的纷繁多姿，还能教人探索自然的妙趣和生命的本质，怎么能不让人拍案称奇呢？

第一节 仁者乐山：

中国石文化与中国古代四大名石

中国是赏石文化的重要发祥地。有文字记载的赏石活动，可以上溯至春秋时期。据《太平御览》卷五十一引《阙子》记载："宋之愚人，得燕石于梧台之东，归而藏之，以为大宝。周客闻而观焉，主人端冕玄服以发宝，华匮十重，缇巾十袭。客见之，卢胡而笑曰：'此燕石也，与瓦甓不异。'主人大怒，藏之愈固。"

宋国的一个见识浅陋的人在齐国梧台的东面得到了一块燕石，拿回家后珍藏起来，认为是了不起的宝贝。从周王朝来的客人听说了，去看这块宝贝石头。主人穿着玄黑色的礼服来展现宝贝，只见他用华美的匣子把燕石一重重装着，又用红黄色的丝巾把燕石一层层包裹着。客人见了石头，从喉咙间发出笑声说："这是燕石啊，与砖瓦没有什么差异。"主人大怒，藏得更加严密了。

这是一个寓言故事，告诉人们要懂得事物的贵贱高低。这个"宋之愚人"无疑是对奇石具有一定鉴赏能力的人，他能够发现并珍藏燕石，不仅相信自己的审美判断，还不因为别人的否定而改变自己的想法。

事实上，远在距今6000~5300年的崧泽文化时期，距今

5300~4000年的良渚文化时期，先人们的赏玉活动就已经达到了一定的程度。尽管那时还没有金属切削工具，只能用解玉砂、竹竿、鱼齿等旷日持久地雕琢。不少史前遗址中出土的玉琮、玉钺、玉璜、玉坠饰，以透闪石精心打磨而成，都已非常精美。它们作为祭祀天神和先祖的礼器，无论从造型还是纹饰来看，都不乏艺术精品，令人叹为观止。

《说文》云："玉，石之美者。"玉石同源，显然是因为玉的产量太少，十分珍贵，人们便以"美石"来代替玉。从这个意义上说，赏石文化其实是赏玉文化的衍生与发展。

隋唐，是社会经济文化比较繁荣的时期，也是赏石文化得以发展的时期。这一时期，许多文人墨客热衷于赏玩天然奇石，除了将奇石用于造园之外，又将"小而奇巧者"像美玉一般作为案头清供，并以诗文记之，从而使天然奇石的欣赏具有浓厚的人文色彩。

中国古代四大名石展陈

（张洪军　画/摄）

宋代，赏石文化的发展达到了一个顶峰。宋徽宗的"花石纲"，就是重要标志。既然皇帝都成了全国最大的藏石家，那么，达官贵族、绅商士子便争相模仿。搜求奇石以供赏玩，成为一种时尚。除了米芾、苏轼之外，司马光、欧阳修、王安石、苏舜钦等名流，也都成为欣赏、收藏、品评奇石的积极参与者。

宋代赏石文化的最大特点，是出现了许多赏石专著。例如杜绾的《云林石谱》、范成大的《太湖石志》、常懋的《宣和石谱》、渔阳公的《渔阳石谱》等。其中《云林石谱》记载的石品，已有一百一十六种之多，各具生产之地、采取之法，又详述其形状、色泽进而品评优劣，对后世产生了很大的影响。

明清两代，是赏石文化的全盛时期。在这个时期，古典园林进入比较成熟的阶段。北京故宫，是明清两代的皇家宫殿，旧称紫禁城，仅御花园中就有奇石四十余峰，石种包括太湖石、灵璧石、钟乳石、珊瑚石、木化石等。

明代，计成的著作《园冶》、王象晋的《群芳谱》、文震亨的《长物志》、屠隆的《考槃余事》，以及明末清初李渔的《闲情偶记》等相继问世。他们对于园林堆山叠石的原则和奇石的品相、等级、特性等，都做出了相当精辟的论述。而王佐的《新增格古要论·异石论》、张应文的《清秘藏·论异石》，以及万历年间林有麟图文并茂、长达四卷的专著《素园石谱》等，更是对于赏石活动，从实践与理论方面进行了全面的概括。林有麟在《素园石谱》中，绘图详细介绍了他"目所到即图之"且"小巧足供娱玩"的奇石一百一十二品，并且进一步提出"石尤近于禅""莞尔不言，一洗人间肉飞丝雨境界"，把赏石意境从以自然景观缩影和直观形象美为主，提升到了具有人生哲理、内涵更为丰富的哲学高度。

吴承恩的小说《西游记》，描写齐天大圣孙悟空原本是仙石所产的石猴所变，更让石头平添了神话色彩。

《西游记》开篇第一回，就这样写道："海外有一国土，名曰傲来国，国近大海，海中有一座名山，唤为花果山……那座山正当顶上，有一块仙石，其石有三丈六尺五寸高，有二丈四尺围圆。三丈六尺五寸高，按周天三百六十五度，二丈四尺围圆……日精月华，感之既久，遂有灵通之意，内育仙胞，一日迸裂，产一石卵，似圆球样大。因见风，化为一石猴，五官俱备，四肢皆全，便就学爬学走，拜了四方，目运两道金光，射冲斗府。""只见正中有一石碣，碣上有一行楷书大字，镌着'花果山福地，水帘洞洞天'，石猴喜不自禁……乃是一座石房，房内有石锅、石灶、石碗、石盆、石床、石凳……"山石嶙峋，怪石林立，构成了石头的世界，为孙悟空的横空出世，营造了独特的氛围。

时代在发展，赏石文化也在发生很大的变化。从前，由于拥有奇石的多为达官贵人、文人墨客，他们将石置放于园林或厅堂，赏石时往往侧重于欣赏石体外部轮廓的变化，力求获得清奇古怪，风骨嶙峋的感觉，追寻沉静孤高的气韵。太湖石、灵璧石、英石、昆石之所以被称为中国古代四大名石，就是因为石面起伏跌宕、纡回峭折、阴阳相衬，石体玲珑多孔、宛转相通、色泽晶莹剔透、布局自然。这些特点，符合传统文人士大夫的审美标准。

但是随着时代的变化和社会的进步，赏石群体正迅速扩大，即使是普通老百姓，只要有兴趣，也完全可以拥有令人耳目一新的奇石。传统的赏石标准，也随之发生了变化。尤其是一些原先不被人们熟知的新石种的发现，拓宽了赏石者的视野，加之受西方现代艺术的影响，赏石者的审美观念也在转变。越来越多体量较大、色彩纷呈、形态各异的奇石，在美术馆、宾馆、商业中心等公共空间展示，为人们所赞赏，雄浑、大气、异色、风韵、寓意、谐趣、抽象等，成为新的奇石审美标准。

西谚说："有一千个读者，就有一千个哈姆雷特。"人们的审美情趣是各不相同的。但，不管怎样，自然天成、不事雕琢，永远是奇石欣赏最起码、最根本的标准。

天下奇石，以四大观赏石为代表。

太湖石，是太湖在漫长岁月中给予人们的馈赠。这种历来用于古典园林中的石料，或被单独摆设，或被叠为假山，形状各异、姿态万千、通灵剔透，体现皱、漏、瘦、透之美。太湖石色泽以白石为多，少有青黑石、黄石。

太湖石原产于太湖边，属石灰岩。由于长年受水浪冲击和含有二氧化碳的湖水溶蚀，石体产生了许多窝孔、穿孔、道孔，形状奇特峻削，自古受到造园家的青睐。采石人携带工具潜水取石，将石用大绳捆绑，吊上大船，运往造园之处，以供观赏。

明代苏州人、文徵明的曾孙文震亨在《长物志》中说：

太湖石在水中者为贵，岁久被波涛冲击，皆成空石，面面玲珑。

唐代吴融的一首《太湖石歌》，则以诗句描述了水石的成因和采取方法：

> 洞庭山下湖波碧，
> 波中万古生幽石，
> 铁索千寻取得来，
> 奇形怪状谁得识。

我们从中不难看出，太湖石的开采由来已久。

太湖石，曾经以出自洞庭西山消夏湾者为极品。明末清初戏剧家李渔在《闲情偶寄》中说：

言山石之美者，俱在透、漏、瘦三字。此通于彼，彼通于此，若有道路可行，所谓透也；石上有眼，四面玲珑，所谓漏也；壁立当空，孤峙无倚，所谓瘦也。

到了北宋，太湖石的身价一下子提高了，成为园林艺术的重要组成部分。充满了艺术家气息的宋徽宗爱石成癖，他役使民力在东京（今开封）建造万寿山，顶峰高达九十余步，遍山皆置太湖石，其中最大的一块太湖石高五丈，宋徽宗非常宠爱之，加封"盘固侯"，并赐予金带。为了营建万寿山，宫廷还特从江南采办太湖石和花木。运送花石的船，每十艘为一纲，每载运一块几丈高的太湖石，就得使用上千人拉纤拖运。这，便是历史上有名的"花石纲"。

运送花石的船只，从江南去往都城开封，一路沿淮、汴而上，舳舻相继，络绎不绝。当时，只要听说民间哪家有一木一石、一花一草可供玩赏的，应奉局就立即派人用黄封条一贴，这便算是进贡皇帝的东西，官家强迫老百姓看守。东西如果有半点损坏，老百姓就要被派个"大不敬"的罪名，轻的罚款，重的则被抓进监牢。

当时，苏杭应奉局的主管朱勔，最善于趋炎附势。有采办花石纲的大权在手，他放开手脚，拼命搜刮，中饱私囊。有的人家被征的花石很高大，搬运不方便，兵士们就把这家的房子拆掉，把墙壁毁掉。差官、兵士乘机敲诈勒索，被征花石的人家，往往被弄得倾家荡产，甚至因为无法应付而卖儿卖女，到处逃难。朱勔不仅趁机贪污，还向地方官员勒索。后来，他在苏州盘门内同乐园中建造楼阁堂殿，家中服膳器用，赛似王室。又毁闻门内北仓为养殖园，置田三十万亩，分属子孙。在虎丘山也建造了他的庄园。

灵璧石，主要产自安徽灵璧县。作为中国古代四大名石之一，集质、声、形、色于一体，讲究瘦、透、皱、漏、伛、悬、黑、响，至善至美。历来有"灵璧磬石"和"灵璧石"两个不同的类别。

早在三千年前，灵璧磬石就已经被人们认为是制磬的上乘石料。1950年在河南安阳殷墟出土的商代"虎纹石磬"，就是一个佐证。专家认为这件石磬原本是殷商王室使用的典礼重器，为灵璧磬石所造。

宋人杜绾在《云林石谱》中汇载石品一百一十六种，灵璧石位居首位。"灵璧一石天下奇，声如青铜色如玉"，这是宋代诗人方岩对灵璧石发出的由衷赞叹。灵璧石除磬石以外，还有奇特的观赏石，产地也不限于磬石山一带，主要分布在县境北部，如灵觉山、朝阳山、白马山、耳毛山、邵山、九顶山等，在县境中部的三注山和南部的大山、峨山一带也有少量的分布。从已产出的灵璧石来看，其真正的魅力不仅在于自然赋予其内在的灵气和形态的神奇，还在于其质、形、色、纹皆具有很高的艺术欣赏价值。

灵璧观赏石分黑、白、红、灰四大类一百多个品种。其中以黑色最具有特色。观之，其色如墨；击之，其声如磬。其形或似仙山名岳，或似珍禽异兽，或似名媛诗仙。

昆石团扇画《昆山三宝——昆之韵》

（张洪军　画/摄）

灵璧石肌理致密，质素纯净，不仅坚固稳重，而且抚之若肤。一件上佳的灵璧石，玲珑剔透，有天然形成的形象，肖形状物，妙趣天成，能把人们引入一个艺术的世界。灵璧石还有一绝，就是声音美，坚如贞玉，叩如青铜，音质峥琮，余音绕梁。制成编磬，是一种高贵的乐器，专用于皇宫、贵族的宗庙祭祀、朝拜、宴会等盛大礼仪活动，所以灵璧石又被人们称作"八音石"。

灵璧石的收藏和赏玩源远流长。自古以来，有名的藏石家无不藏有灵璧珍品，有文献记载的，诸如苏轼的"小蓬莱"、范成大的"小峨眉"、赵孟頫的"五老峰"等。风流帝王李煜则钟爱"灵璧研山"，宋徽宗为常常把玩的一株灵璧小峰，题写了"山高月小，水落石出"八个字，命人镌于峰侧，并钤御印。

明代王守谦在《灵璧石考》一文中称："海内王元美（世贞）之祇园、董玄宰（其昌）之戏鸿堂、朱兰嵎（之藩）之柳浪居、米友石（万钟）之勺园、王百穀（穉登）之南有堂、曾莲生之香醉居、刘际明之吾石斋、刘人龙之梦觉轩、彭政之啬室，清玩充斥，皆以灵璧石作供。"由此可见灵璧石的受欢迎程度。

同样也是中国古代四大名石之一的英石，又称英德石，出产于广东英德。早在宋代就被列为皇家贡品。它极具观赏和收藏价值，主要用于风景园艺，也是传统文房供石。有淡青、灰黑、浅绿、黝黑、白色等数种，以黑者为贵。英石正背面明显，正面多洼孔、石眼，玲珑宛转，精巧多姿，背面较平滑。石质坚而脆，叩之有共鸣声。

杜绾《云林石谱》介绍了英石出产于英州（今广东英德）的含光、真阳两县，颜色有微青、灰黑、绿和白几种，并介绍了黄庭坚任象州太守时玩英石，不惜"万金载归"，苏东坡"获双石一绿一白"，目为"仇池"。宋人赵希鹄《洞天清录集》将灵璧石、英石、太湖石等怪石列入"文房四玩"。陆游在《老学庵笔记》中描述"锦溪""灵泉""乃出石处",有几户人家专以取石为生,并认定"色枯槁声如击朽木"的汲水石是英石中的"下材"。明朝计成所著《园冶》介绍英石的产地、颜色等大体与《云林石谱》相同,但强调了英石的作用"大者可置园圃,小者可置几案,亦可点盆,亦可掇小景"。清朝陈淏子所著《花镜》,记载山水盆景制作用石为"昆山白石或广东英石",充分肯定英石为制作假山盆景之上乘材料。明末清初屈大均所著《广东新语》提出了"大英石"和"小英石"两个概念,并且记载英石运至"五羊城"垒为假山,"宛若天成,真园林之玮观也"。

英石的颜色有黑、灰黑、青灰、浅绿、红、白、黄等,纯黑色为佳品,红色、彩色为稀有品,石筋分布均匀、色泽清润者为上品。其形态特点为瘦、皱、漏、透。瘦指体态嶙峋;皱指石表纹理深刻,棱角突显;漏指滴漏流痕分布适中有序;透指孔眼彼此相通。阴石表面圆润有光泽,多孔眼,侧重漏、透。阳石表面多棱角、多皱褶,少孔眼,侧重瘦、皱。

昆石,又名昆山石,因产于江苏昆山玉峰山而得名。

大约在几亿年前,玉峰山受到地壳运动的影响,促使地下深处岩浆中富含二氧化硅的热溶液侵入岩石裂缝,冷却后便形成石英矿脉,昆石正是在这石英矿脉晶洞中生成的石英结晶晶簇体,按其石英晶簇、脉片形象结构特征,人们将它们分成鸡骨、胡桃、雪花、杨梅、荔枝、海蜇等十多个品种。上品昆石遍体雪白晶莹,窍孔遍布,玲珑剔透,坚硬如玉,独具伛、醉之形态。伛是指石身上部稍稍前倾,醉是指石体有左右顾盼之势。昆石的采制大致要经过选坯、曝晒、冲汰剔泥、雕琢、浸泡等多道复杂工艺,方能完成,又因为数量不多,所以昆石颇为名贵。为了获得一块完美的昆石,人们不惜花费一年甚至更长的时间,不知多少遍地用碱水、海棠

昆石菖蒲图

（刘建华 画／徐耀民 摄）

花汁和草酸浸泡洗涤，才使它冰清玉洁、玲珑剔透，置于案几而令人"眼见尺壁，如临嵩华"。

被誉为"百里平畴，一峰独秀"的玉峰山很小，高仅80余米，所以昆石的产量极其有限。据县志记载，早在宋代就有人从外地往昆山写信，乞取昆石。当时的山民和石工争相挖掘，甚至以此为生。一块昆石可以售价百金。后来官府担心挖伤了山脉，明令禁止，才避免了时人将昆石挖尽。一般的昆石大小仅为尺许，大者极其少见，宋代诗人陆游曾发出"一拳突兀千金直"的赞叹。

过去，人们将其小块置于水盆之中，上栽菖蒲等物，植物生长特别茂盛，后来昆石便渐渐成为案几清供之物。至今在许多江南古典园林的斋阁厅堂中，仍时或能见到它的倩影。现在昆山市亭林园内有两座一人高的昆石，为明代旧物，一为"春云出岫"，一为"秋水横波"，其窈窕玲珑，窍孔遍布，具瘦漏透皱之态，是仅存的巨峰佳品。昆石精品近年来频频在国内外举办的奇石展览中展出，并获得较高的奖项。

金奖证书

（张洪军 摄）

奥运邀请展金奖
题名：祥云团栾
石种：海蜇峰
收藏：亭林园
（张洪军 摄）

第二节　情比石坚：

赏石文化中的中国精神与中国态度

怪石是奇石在古代的一种称呼，最早出现在战国时期的地理著作《尚书·禹贡》中。《禹贡》讲到青州时说："岱畎丝、枲、铅、松、怪石。"后又有注解释道："岱山（泰山）之谷出此五物，皆贡之。"怪石当时已被当作进贡物品之一。汉孔安国在《尚书传》里释读说："怪，异。好石似玉者。"其用途一是"以为器用之饰"，一是"以为玩好也"。正因有这个渊源，后人就屡有称"怪石"者，且对怪石的形容也渐趋明确。如宋代赵希鹄的《洞天清录·怪石辨》有叙述："怪石，小而起峰，多有岩岫耸秀，钦嵌之状，可登几案观玩，亦奇物也。"

先秦《山海经》中，有"文石""美石"之称，其中提到出产文石的名山有八九处之多。所谓文石，是指有纹理、可赏玩的石块。而"美石"首见于《山海经》，其《东山经》云："独山其下多美石。"唐郑惟忠《古石赋》称："博望侯周游天下，历览山川，寻长河于异域，得美石而献汉武帝。"至于形状色泽如何，均不得其详。苏轼亦曾用过此称谓，其《怪石供》云："今齐安江上往往得美石，与玉无辨，多红黄白色，其文如人指上螺，精明可爱。"

昆山有玉：昆石

题名：玉峰仙居
石种：海蜇峰
（张洪军 画）

题名：聚云昆岗
石种：海蜇峰
（张洪军 画）

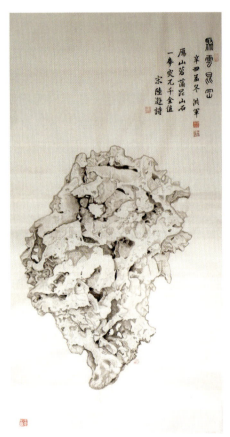

异石的说法最早见于《南齐书·文惠太子传》："多聚异石，妙极山水。"《新增格古要论》则专有《异石论》，谈各地出产之奇石。奇石与怪石同义，然而有时更突出石之怪异状态。《洞天清录》在"怪石有水自出"一条中介绍："绍兴士大夫家有异石，起峰，峰之趾有一穴，中有水。应潮自生，以自供砚滴，嘉定间，越师以重价得之。"《续墨客挥犀》也披露异石藏事，说："朝仪李芬好奇。有异石，高二尺，嵌空可爱。每日在未时即有气出石穴中，若烟云之状，依候俟之，万不差一，因目之为未石。"

而昆石历史上较早的一个称谓"巧石"，作为奇石的别称，从文献记载的角度来看出现得较晚，且称者不多。据明林有麟《素园石谱》中记载，唐李德裕败落后，丹阳郡王李守节得其名园平泉庄，"发土得巧石，前后几千块，多有骇世者"。此外，宋陶穀所撰《清异录》也有记载："契丹东丹王突，买巧石数峰，目为'空青府'。"

此外，历史上观赏石还有"绮石""供石"的名称。绮石，是有绮丽花纹的石头。唐人冯贽于《记事珠》中记载："王维以黄瓷斗贮兰蕙，养以绮石，累年弥盛。"而苏东坡在赏石名篇《怪石供》《后怪石供》中，首次提出了以石为供的概念，后世遂有"供石""石供"之称。但后人通常称的"供石"，一般体量较大，被安置于座架或瓷盘上，与《怪石供》中的江中小卵石并不一致。

当代赏石家还提出了艺石、珍石、灵石、石玩、欣赏石、观赏石等说法，特别是"观赏石"这一概念，无论是在正式场合还是在民间交流中，受到了广泛认同并被应用。在中国的宝岛台湾，赏石家林岳宗还提出"雅石"的名称。他认为赏石不仅要观赏其色彩及外表的奇、怪，更应该共赏诗情画意般优雅的意境，这样才能体会赏石的奥妙，所以，他提出"雅石"之称（见台湾树石艺术学会出版的《树石艺术》，1970年第2期）。现在，这一名称在中国台湾地区使用很广泛，他们将雅石分为六大类，即景观石、形象石、图案石、抽象石、色彩石、奇石，并且制定了相应的评价标准。同时提倡素、简、朴、雅的赏石观和形意交融的"石人合一"观。玩石的水准，可以分为五道段次，即石道初级（趣味观）、石道二段（美术观）、石道三段（道德观）、石道四段（抽象观）、石道五段（哲学观）。中国台湾地区出版的书籍有称为《雅石铭品》的，出版的刊物也有称为《闲谈雅石》的。

由于东亚国家同属于有很深历史渊源的汉文化圈，所以赏石文化在韩国、日本也颇为盛行。其中韩国称观赏石为"寿石"，认为岩石的生命是永恒的，且"寿"有长寿之意，故将奇石称为"寿石"。而在日本赏石界，则有"水石"之称。日本的室内观赏石可分为两类，一类称作"装饰石"，包括色彩石、图案石、抽象石等；一类称作"水石"，包括山水景石、形象石（如茅舍型、罗汉型、鸟兽型，等等）。日本的奇石展览往往就叫作"水石展"。

团扇画《昆之韵——昆曲与昆石》

（张慧 画／张洪军 摄）

赏石的渊源里包含着华夏传统的文明基因，在无尽悠悠的历史长河中，人与石结缘、人与石为伴，生以石明志，情以石为誓。杜绾在《云林石谱》中曾记有："登州海岸沙土中石，洁白或莹彻者，质如芡实，粒粒圆熟，间有大者，或如樱桃，土人谓之弹子涡，久因风涛冲激而生。"石头的颖巧在这里意味着大自然的瑰奇。苏轼《东坡杂记》里记载过有一位潮州人吴子野，他曾经作为官员的幕僚来到登州，他亲身感受了蓬莱的迷人风光，"登州下临大海，目力所及，沙门、鼍矶、车牛、大竹、小竹，凡五岛，惟沙门最近，兀然焦枯，其余皆紫翠巉绝，出没涛中，真神仙所宅也。上生石芝，草木皆奇玮，多不识名者。又多美石，五采斑斓，或作金文"，临走的时候他设法要到了岛石十二株，"皆秀色粲然"，于是就将其带回了老家潮州，置于所居岁寒堂下。苏东坡就此感慨地说："近世好事能置石者多矣，未有取北海而置南海者也。"登州石在这里的几千里旅行代表着大一统国家的河山辽阔。阎士选《松石记》中记道："东海大竹岛中有石，其形怪异，我兵以防汛往者，昇之以归。前守刘君命輂之阁，时聚观者甚众，睹此石温润而栗，文理森如，根节盘结，千条万缕，如老人苍颜鹤发蹲踞不前状。环视底里，木质犹存，佥曰此古松化为石。"这块俨然神明的石头后来被世人筑台供之海神庙前，人们动了想和它对话的念头，就问它："试问此石生于何代耶？长于何时耶？何年为松耶？何年为石以迄于今耶？"而该石"若有对者而倾耳不闻"，其气韵生动的描述使我们感到仿佛面对的是一位因饱经沧桑而倔强、刚毅的智慧老人。

第三节　昆石含辉：
昆石的物理属性与精神赋性

远古时期，玉峰山是近海里的一座礁石岛，其地下岩石是白云岩，主要成分是碳酸钙和碳酸镁，为寒武纪海相环境的产物。到了新石器时代，长江的泥沙不断冲积，海岸线逐渐向东退去，这座礁石岛便暴露出来，成为山丘。

大约五亿年前，在地壳运动中，由于挤压，地下深处岩浆中富含二氧化硅的热溶液侵入白云岩的缝隙，冷却后形成了石英矿脉，这些矿脉呈"鸡窝状"分布，被红泥包裹，与周边包含硅化角砾的石英脉体有着明显的界限。将矿脉清理干净后，其呈现的骨架是由白色的网络石英组成。这些网络石英被人们偶然发现，它晶莹洁白、玲珑剔透，仿佛上好的玉石足以用在案头供奉。由于产区的不同，其二氧化硅的纯度不同，故而呈现的色泽也不同，有的带黄、褐、红、灰、黑色，有的则呈半透明状态；昆石因晶簇脉片形象结构的多样化，便有了薄如鸡骨的鸡骨峰、洁白如雪的雪花峰、状如海蜇的海蜇峰，果实累累的胡桃峰。一块上品昆石几经清洗，历时两年以上才能成珍品。它由于风貌独特，出产稀少，又与江南传统文化中的艺术欣赏理念相契合，所以越来越受人喜爱。因而出产这种石头的山岭，被称为"玉峰山"，这种美石也被命名为"昆石"，这两个名称一直流传至今。

马鞍山（玉峰山）夜景
（昆山市融媒体中心　提供）

　　昆石是距今五亿多年前的寒武纪海相环境的产物，也是太湖地区最古老的山脉岩层，昆石由白云岩、水晶晶簇体组成。主要成分有二氧化硅（99.46%），三氧化二铁（0.44%），氧化钠（0.08%），氧化钙（0.02%），莫氏硬度约七度。昆石呈白色，以玲珑剔透为其主要特征，昆石是白云岩地层内断裂破碎带中的白云岩角砾硅质交代作用的产物。

　　今天的赏石界，在谈到赏石的精神价值时，经常会看到类似"石有十德"的概括，版本很多，有不少应该都是出自今人根据"十德"这个限定展开的创撰，十德的说法不一，比方说有"奇石十德"：自然纯朴，不矫揉造作；坚贞不屈，不动摇变节；淡泊名利，不哗众取宠；表里如一，不弄虚作假；深沉定静，心不为物转；厚积薄发，不轻浮骄慢；大智若愚，不胡言乱语；高雅脱俗，不低级趣味；修德养寿，百病不能侵害；乐于奉献，不惜粉身碎骨。还有"赏石十德"："一为仁、二益智、三励志、四怡情、五养性、六寻乐、七交友、八弘文、九健身、十悟禅"，等等。之所以均为"十德"，是因为沿袭了赏石文化中流行甚广的一个说法，即"白居易爱石十德"。作为人们津津乐道的唐代赏石的大玩家，据说白香山曾写有"爱石十德"共十句："养性延容颜，助眼除睡眠，澄心无秽恶，草木知春秋，不远有眺望，不行入洞窟，不寻见海埔，迎夏有纳凉，延年无朽损，升之无恶业。"白居易存世于今的作品体量不小，但遍索其中并无这些话，恐为伪托。据今人俞莹考证，这十句出自日本15世纪中期（室町时代）《节用集》中的《盆山十德》。所谓盆山，中土在明代之前赏石（包括假山或奇石）安置多取法盆景的做法，以盆作供，日本也沿袭之，至今遗风犹存。白居易的诗歌在东瀛可谓家喻户晓，影响很大，日本的文人、贵族也深受白居易审美思想的影响，

题名：昆仑风骨　　石种：鸡骨峰
规格：76cm×76cm×46cm　　　（徐耀民　摄）

题名：硕果　　石种：杨梅峰
尺寸：32cm×23cm×8cm　　　　（徐耀民　摄）

包括赏石之好，由此寄托诗人之名，产生了所谓《盆山十德》。

然而也并不因为这十句话很有可能不直接出自白居易之口，就完全没有说服力，它还是在赏石者的心里产生了强烈的共鸣，所以才会不胫而走，被广为传播。况且白居易在他的赏石名文《太湖石记》中淋漓尽致地铺陈了赏石千姿百态的雄奇之姿："厥状非一：有盘坳秀出，如灵丘仙云者；有端俨挺立，如真官神人者；有缜润削成，如珪瓒者；有廉棱锐刿，如剑戟者。又有如虺如凤，若跧若动，将翔将踊；如鬼如兽，若行若骤，将攫将斗。风烈雨晦之夕，洞穴开颏，若欲云歑雷，嶷嶷然有可望而畏之者。烟霁景丽之旦，岩崿霩，若拂岚扑黛，霭霭然有可狎而玩之者。昏晓之交，名状不可。"然后，又说这样的大千气象是"三山五岳、百洞千壑，觑缕簇缩，尽在其中。百仞一拳，千里一瞬，坐而得之"，这才是让嗜石如命的士大夫们最受用的地方。白居易《太湖石记》的"百仞一拳，千里一瞬"后来就成为赏石审美的一个纲领性的要点，与"爱石十德"里的"不远有眺望，不行入洞窟，不寻见海埔"气息相通。

昆山市观赏石协会副秘书长张洪军谈及昆石给其带来的审美享受时说："昆石天生孔窍遍布，体态轻盈，玲珑奇巧，符合古人赏石审美习惯。更令人生爱的是其洁白晶莹的体质，有玉的润泽，有宁断不弯、冰清玉洁的君子风范。同时，昆石洞穴遍布，贯穿通达，虚实相间，通风聚气，具有中国画所体现的自然山峰和想象中的仙山奇峰相融合的特征，给文人墨客带来无限的创作灵感和视觉享受……人们不仅可以用肉眼观看昆石的自然结构美，还可以借助放大镜在逆光下观赏：半透明的昆石纹理纵横，脉络起伏，耀人眼目，呈现出飞岩危崖、壁立成峰、深邃岩穴等奇妙景象。放大镜下，昆石呈现的峰峦更显玲珑剔透，雄伟无比；若隐若现的窍孔上通下连，怪诞横生，如水晶魔宫一般，神秘莫测。当真是千奇百怪，百里之势浓缩于咫尺之间。正如苏轼所说：'五岭莫愁千嶂外，九华今在一壶中。'闲暇时细细品味，使你省却登高之劳，极富遨游之趣。犹如置身琼楼玉宇、世外桃源，令人赏心悦目、心宁神静、超凡脱俗。"

《石不能言最可人——传统赏石与昆石审美》（上海书店出版社）作者吴新民、陈益还将人们对昆石的审美与伦理诉求紧密联系在一起，认为对昆石美的欣赏源于对"石德"的追求。他们在文章中说："昆石的美，以结构美为主体美，呈现在人们面前。……必须通过读石入境、赏石悟理，不断挖掘昆石美的内涵，才能提升昆石美的价值。昆石文化，是人的情感与欣赏昆石的过程高度融合下所产生的一种精神境界。昆石内在之美的发现和认识，很大程度上取决于观赏者的文化修养。只有具有高尚的道德品质，才能触摸到昆石所蕴含的石德之美。这种石德美，经过传播，能够感染其他观赏者。我们不能单纯地从视觉美的角度来欣赏昆石，还必须把赏石艺术提升到更高的层面。通过联想、达境、悟理，从感性审美，上升到理性审美，把昆石自然美的生态规律与人的思想美的社会规律融合在一起，实现人性与石性的融合，道德与石德的贯通，只有这样才能悟出人生的哲理，进而懂得石德也正是做人的一种道德准则。"

题名：冬雪巨昆　　石种：海蜇峰
规格：169cm × 110cm × 110cm　　（徐耀民　摄）

第二章　玉出昆冈

文章还进而以如何看待、欣赏昆石的白为例来加以说明："昆石的美，美在晶莹洁白，玲珑剔透。这是昆石特性的体现。我们欣赏其晶莹洁白，不单欣赏昆石洁白的色泽美，更重要的是欣赏昆石晶莹的质感美。这两种美结合在一起，就意味着昆石具有纯洁美。人们从洁白的色泽、晶莹的质感这种感性审美，发展到理性的纯洁美，与人生的理想追求所契合——因为，做人总要做纯洁的人，是我们自幼家长、老师就教导的准则。昆石的纯洁美，一旦吻合观赏者的审美标准，石德就自然而然显现出来了。昆石的玲珑剔透也是同样。其实玲珑只是外貌，剔透才是本质。有的昆石看起来虽然玲珑，但是石质不够晶莹就不能做到真正的剔透。石质不佳，只能说石体结构是玲珑的，但无法抵达剔透之美。外貌重要，内质更重要。所以，昆石的石质必须晶莹，才能体现出内在结构美、缩景艺术美。我们通过联想、移情延伸到对祖国、对大自然的热爱，产生一种心灵上的共鸣。这种心灵之美，就是石德的体现。我们在对昆石的感性审美中，看到了昆石晶莹洁白、玲珑剔透。它具有色泽的美、结构的美，这些都是昆石的自然美。而对昆石进行的理性审美，得到的是纯洁的美、心灵的美。这种美，好比人的思想美、道德美。多种美的综合，就汇合成石德之美。"

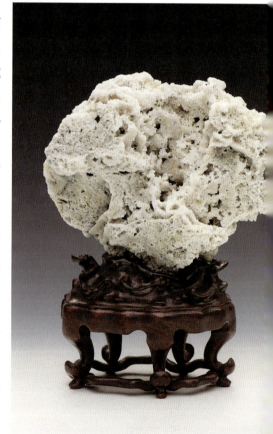

题名：银装雪裹　　石种：雪花峰
规格：22cm×23cm×11cm　　　（徐耀民　摄）

第二章 玉出昆冈

题名：玉胡带色　　石种：胡桃峰
规格：21cm×16cm×8cm　　（徐耀民　摄）

昆山有玉：昆石

题名：玉雪层云　　石种：雪花峰
规格：30cm×26cm×7cm　　（徐耀民　摄）

第四节　尺壁之间：

昆石的品鉴方式

　　传统的观赏石品鉴，有两组基本理念，一是"瘦透漏皱"，二是"形质色纹"。关于品鉴，赏石界历来流行米芾"相石四法"的说法，即大家所熟悉的"瘦透漏皱"。此说最早源于宋元之际的《渔阳公石谱》："元章相石之法有四语焉，曰秀，曰瘦，曰雅，曰透。"值得注意的是，这里四字并举的并非"瘦透漏皱"，而是"秀瘦雅透"。而将"秀瘦雅透"衍化为"瘦透漏皱"的是清代著名个性文人、扬州八怪之一的郑板桥。他在送给弟子朱青雷的以石为主题的画上加了一段题识："米元章论石，曰瘦，曰绉，曰漏，曰透，可谓尽石之妙矣。东坡又曰：'石文而丑。'一'丑'字则石之千态万状，皆从此出。彼元章但知好之为好，而不知陋劣之中有至好也。东坡胸次，其造化之炉冶乎。燮画此石，丑石也：丑而雄，丑而秀。弟子朱青雷索予画不得，即以是寄之。青雷袖中倘有元章之石，当弃弗顾矣。"由于郑板桥对后世巨大的影响力，非但"瘦透漏皱"（在流传过程中较为容易懂的"皱"又取代了"绉"）从此成为不刊之论，不胫而走，而且还连带为赏石品鉴又多贡献了一个"丑"字，即"瘦透漏皱丑"的相石五法。这五个字简要说来，瘦即形瘦，是指赏石的形体或某一部分窄小或单薄；透即通透，指可供液体、光线等渗透穿透的透水、透亮，用来说明赏石的穿透、通透、通空、灵巧等；漏即漏空，是指赏石有孔或缝，使水或其他物体能滴入、透出或掉出；皱即褶皱，是赏石在成型初期因自然收缩或经自然水流、风沙冲刷而形成的一凹一凸的条纹；丑即丑怪，不是贬义上的丑陋，而是一种特殊的审美特性，用在赏石上特指其怪异不羁、与众不同。

"形质色纹"明确四项并列的赏石评鉴标准，是1924年张轮远在其所撰著的《万石斋灵岩大理石谱》提出的："就灵岩石之为物论之，不外石之形，石之质，石之色，石之文（纹），四者而已。"据相关研究者考证，尽管在此之前，上古以来的人们赏石记载中并无这明确的四个字，但用这样的视角和眼光来打量衡评赏石还是有线索可循的。比方说《尚书·禹贡》对石的"观赏"和"实用"就做了区分。用于审美的石有"琨"，一种似玉的石，这是对质的认识；有"琅玕"，一种似珍珠的石，这是对形、质和色的认识；而"怪石"则是对形、质、色、纹的综合认识；"磬"是兼有礼器的实用功能和音乐的审美功能的石，是对声的认识。在《山海经》中，所记述的作为审美的石的名称来自《禹贡》，不过种类从三四种增加到了二十一种，对形、质、色、纹的认识较之《禹贡》更加深入，其中以质为主的，是比玉稍次的石头，有"砆石""琨石""麋石""碱石""礝石"等；以色为主的，有"采石"（彩色的石头）、"茈石"（紫色的石头）、"青碧石"；以纹为主的，有"文石"

题名：仙界奇峰　　石种：鸡骨峰
规格：63cm×33cm×23cm　　（张洪军　摄）

题名：圆满
石种：杨梅峰
规格：30cm×32cm×20cm
（张洪军 摄）

（有花纹的石头）；以形为主的，有"白珠""琅玕""礨石"（大石）；以声为主的，有"磬石""鸣石"；综合赏析质、色、纹、形的，有"美石""怪石""帝台石"（形如鹌鹑蛋，五彩而有斑纹）；等等。宋代杜绾的《云林石谱》，在对所收纳的161种赏石的描述中，在形、质、色、纹方面表述详尽，分级精细，例如将色泽区分为色彩和光泽。对色彩中的色相、饱和度和明暗度都做了说明；光泽中对反射光和透射光做了区分。在质地中除硬度的坚软之分外，还有润燥之别。至乾隆年间，在山东青州旅居的杭州人孤石翁沈心将其实地考察和文献考证的22种青州石进行研究整理，形成文字，取名《怪石录》，书中提到的青州石包括造型石、图纹石、生物化石、砚石和雕料等。他提出了"质色纹理，迥非凡品"，明确将"质色纹理"作为赏石的审美要素，将质、色、纹"迥非凡品"的"奇"，作为赏石的审美标准。清代成性在《选石记》中不但针对卵石类图纹石提出体式（形态）、纹理、颜色三个审美要素，还强调了"首体式、次文理、次颜色"，即第一是形态，第二是纹理，第三是色彩，明确指出三要素重要的程度是有所不同的。

题名：虚怀若谷　　石种：海蜇峰
规格：54cm×56cm×26cm　　（张洪军　摄）

就这样，在"形质色纹"的基础上人们又加上"声"，也构成了一组五字并列的赏石理念——"形质色纹声"，简言之：形即形态、形状、结构状态等，指赏石的天然外形和点、线、面组合而呈现的外表；质即性质、本质、品质，指赏石的天然质地、结构、密度、硬度、光洁度、质感等，也指赏石的质量和大小；色即色彩、颜色，指赏石原本具有的天然色彩和光泽；纹即纹理、痕迹，指赏石表面图案的花纹；声即声响、声音，指赏石通过叩击或摩擦振动所产生的声响和声音。2015年5月15日由中华人民共和国国家质量监督检验检疫总局和中国国家标准化管理委员会发布的《观赏石鉴评》的国家标准中鉴评要素（造型石类）分为"形态、质地、色泽、纹理、韵意、命题、配座、传承"八个方面。具体内容如右图所示。

类别：造型石

鉴评要素		鉴评要点	权重
自然要素	形态	石体完整，造型或奇特优美、或端庄典雅；形象或逼真、或虚幻	30%
	质地	石体致密、细腻，石肤好，差异风化强	10%
	色泽	总体柔顺协调，石体不同部位的颜色、色调反差适度	10%
	纹理	纹理自然流畅、曲折变化与整体造型相匹配	10%
人文要素	韵意	形意生动，寓意深刻、含蓄并耐回味，文化内涵丰厚	15%
	命题	立意新颖、贴切生动，具有较强的艺术性和丰富的文化内涵	10%
	配座	造型典雅并烘托主题；因石适材、工艺精湛	15%
	传承	历史易手、沿革有序并有据可查	

岩石类观赏石鉴评要点及权重分配（造型石类）

除了适用传统观赏石的品鉴方式及造型石鉴评标准外，品鉴昆石也有其独特之处和具体呈现。比方说有当地赏石家在"瘦透漏皱"以外，针对昆石的特点还特意补充了"醉"和"伛"的审美形态。如陈益先生认为"上品昆石遍体雪白晶莹，窍孔遍布，玲珑剔透，坚硬如玉，独具'伛''醉'之形态。'伛'是指石身上部稍稍前倾，'醉'是指石体有左右顾盼之势"。而拿"形态、质地、色泽、纹理、韵意、命题、配座、传承"的造型石鉴评标准来具体评估昆石的话，在形态上，昆石因晶簇体脉片形象结构和纹理特征多样化，便有了形态各异的十几个品种。如由许多薄如鸡骨的石片构成的鸡骨峰；如由洁白如雪、晶莹温润的细小石片构成的雪花峰；如石体遍布、薄片状球形突起，因形状如胡桃的壳而得名的胡桃峰，其质地洁白晶莹，块状突起聚集在一起，如果实漫山遍布，秀巧可爱，类似葡萄、玛瑙的样子；又如表面遍布海蜇皮状的厚薄不等的石片的海蜇峰，弯弯曲曲的石片或石块，层层叠叠，生动、自然、有趣。在意韵上，其石体表面及内部均是大大小小的缝隙空穴，高高低低的沟坎峰峦，晶晶亮亮的晶簇水晶，团团簇簇的"雪花胡桃"，白白净净的冰肌玉肤，透风漏月之玲珑剔透，具有仙风道骨之自然神韵，如风姿淡雅的绝代佳人，如冰雕玉砌的蓬莱仙阁，如气势非凡的昆仑风骨，如天生化成的三山五岳。在质地上，昆石的成分是高纯质的二氧化硅，莫氏硬度约7度，这决定了它的质地坚硬致密，玉的温润感很强。在色泽上，昆石颜色多为洁白、青白、灰白，给人以白净素雅、含蓄内敛之美，但也有昆石为黑色、灰黑色、褐黄色、黄色等颜色，无论何种颜色，均有不同韵味。在纹理上，昆石的美在层峦叠嶂、凸凹起伏、毛毛刺刺的"峰头"石肤，不像其他石种那样拥有光光滑滑的石皮，可以用手去盘摸。在命题上，昆石的题名也非常讲究，多借用唐诗宋词里的经典语句，朗朗上口，意境深远。在配座上，昆石的配座多采用红木材质，苏作工艺，仿根雕和明清款式，典雅精致。

左生云右成骨　　石种：胡桃峰

规格：28cm×29cm×15cm　　（张洪军　摄）

杜侯兄弟继之后

璞玉浑金美腾口

第三章 春云出岫：昆石品类图鉴

尽管今天我们在讲到昆石时，更多是指狭义上的供石或盆景石，但从广义上来讲，马鞍山的景点石及所产的园林石和庭院石亦属昆石。除了马鞍山山体本身自具未损的景点石外，今天我们所能看到的最大、最早、最有名的昆石当属被安放在亭林园昆石馆中的一对庭院石"春云出岫"和"秋水横波"。据《康熙昆山县志稿》记载："'春云出岫''秋水横波'两石在顾亭林先生乡贤祠内。"而明代周复俊《马鞍山志》中称昆石："有黄沙洞、鸡骨片、胡桃花诸名，佳者如春风出岫、秋水生波，极天斧神镂之巧。"其中"春风出岫、秋水生波"与《康熙昆山县志稿》上记到的两石名前后各只有一字之差，一般认为指向一致，两石应为明代旧物。"春云出岫"和"秋水横波"均为海蜇峰，刘建华先生的描述品鉴尤为准确、生动："'春云出岫'高 2.2 米，宽 1.1 米，厚 1 米，色青白，透晶莹，基部宽厚稳健，与石身浑然无间，窍穴透漏，层层而上如云朵一般左右伸展，掩抑顾盼，至顶呈蘑菇状，如若云遮雾罩，边缘旋而反卷而下，整石状如一团祥云升腾之态。尤为动人之处在于石身腰部稍收，扭向一侧，如窈窕淑女之婀娜风姿，给人增添了美妙的想象空间，令人意趣盎然……'秋水横波'高2.1米，宽1米，厚0.6米，呈黄褐锈色，时露白筋，石座则由原石底部加工而成，与石身浑然一体。石体空灵，其峰层叠，磊块上下左右涌动，时分时合，其端更显峰峦奋峻，势向一侧，状如波涛凌空。"吴新民先生也曾赞其"峰峦嵌空，窈窕玲珑，石质莹润，形态生动，命题确切，流传有绪"。明代的苏州人文震亨和嘉定人张应文都曾记述见过尺寸较大的昆山庭院石，文震亨记的是"间有高七八尺者，置之高大石盆中，亦可"，张应文嘉靖年间见到的一块则"高丈许，方七八尺，下半状胡桃块，上半乃鸡骨片"。这两条记载似均可作为明代出较大型的昆石庭院石的佐证。而"春云出岫""秋水横波"两石作为始建于清代的顾亭林祠的旧物，其命名也气度不凡。"春云出岫"虽语出陶渊明"云无心以出岫"，但细品词意正好是与原意相反的，古人以山为云之根、云之窝，"云无心以出岫"说的是归山退隐、不想出去，而"春云出岫"说的是春天时分，云从山中涌出的气象，和积极有为的儒者风范相一致；而"秋水生波"仅有清冷意、波纹褶皱意，换一"横"字就有了不随波逐流之意，将两个意象叠加起来比拟明末清初大儒顾炎武的人格力量，是很有意蕴的。且这八个字将昆石的"瘦皱漏透"贴切形象地表述了出来，也是昆石命名上的一个范例。

在昆山历代方志记载中，提到的昆山当地庭院名石还有玄云石（或玄雪石）和寒翠石，后者是元代昆山文学家顾瑛得于城东尼庵（原周太尉宅）曾经苏东坡题咏过的，顾瑛将其带回玉山草堂"立诸中庭"，此石应非昆石；前者是宋代昆山状元卫泾家西园旧物，后被置于县学大成殿后、明伦堂前，明《弘治昆山志》"拾遗"有条目记其名叫玄云石："卫文节公园内石也，知州费复初劝农于郊，见之，徙置明伦堂前。陈曾撰铭。"而明《万历昆山县志》称其"高丈余，玲珑古怪，俨若奇峰，名曰玄雪，一名龙头"，很难确凿地说它一定就是昆石，但也并非全无可能。

根据峰体的形态、色泽，按照人们的欣赏习惯，昆石可分为鸡骨峰、雪花峰、海蜇峰、胡桃峰、杨梅峰、荔枝峰等多个品种，而这些品种中又可分出若干细类。这些品种大多出自玉峰山的东部、西部及中部，因区域之别，尽管品种相同，其质地也会有一些差异。这里依据《中国昆石谱》上的分类说明依次予以转介。

鸡骨峰

鸡骨峰石质洁白细腻，是由众多薄如鸡骨的半透明片组成，它色泽如玉，片片如板，纵横交叉，排列自然，给人以坚韧刚劲之感觉。鸡骨片又有厚薄之分，厚鸡骨片发白青灰色，多产自西山，而薄鸡骨片大都呈现出洁白色泽。在逆光下欣赏薄鸡骨昆石，则更能展示出其冰清玉洁、玲珑剔透之美。相较而言，以玉峰山东部所产的薄鸡骨片最为珍贵。

雪花峰

雪花峰石质洁白，晶莹如雪，石上像雪花般的碎片层层叠叠地聚落在一起，精致纤细而灵巧，呈现蓬松状，似有一捅即碎之感。雪花峰，有大雪花和小雪花之分，大雪花具有颗粒较大、松散而稀疏、芒刺少、组织层较厚的特点，小雪花具有雪花小巧、片薄、玲珑剔透和长有芒刺的特点。

海蜇峰

海蜇峰，石质坚硬，白中略带青色。石表面纹理遍布，层层叠叠，形如海蜇。精品海蜇峰具有玲珑剔透之形，石体峰峦嵌空，神采流动，气韵十分高雅。海蜇峰以玉峰山东部所产为佳，一般体量较小，石质温润、玲珑窍空，颜色一般偏暗发青色，其中石质洁白如玉者更为少见，而洁白如玉且体量大的海蜇峰就更加稀有。玉峰山的中部和西部也出产海蜇峰，相较而言，东部所产无论是从密度和质感来说都稍差一些。

第一节　冰心秀骨：
鸡骨峰赏隅

栖霞探春

晓色未开山意远，春容犹淡月华昏。——唐　李建勋

题名：栖霞探春　　石种：鸡骨峰
规格：55cm×28cm×14cm　　（徐耀民　摄）

冰心秀骨

洛阳亲友如相问，一片冰心在玉壶。——唐 王昌龄

题名：冰心秀骨　　石种：鸡骨峰
规格：33cm×23cm×10cm　　（徐耀民　摄）

昆山有玉：昆石

风姿凌云

纵横正有凌云笔，俯仰随人亦可怜。——金　元好问

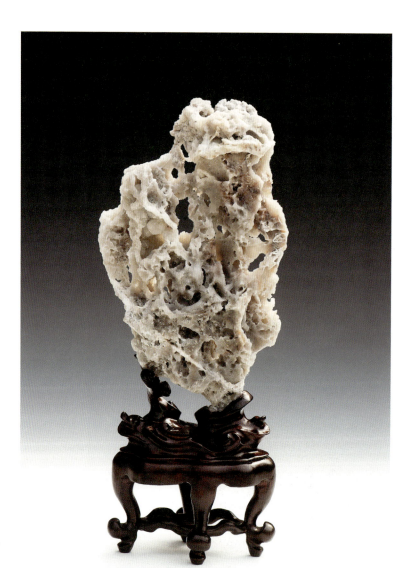

题名：风姿凌云　　石种：鸡骨峰
规格：26cm×15cm×5cm　　（徐耀民　摄）

第三章 春云出岫：昆石品美图鉴

海马

其间物怪何所无，海马天吴大如象。——明 王鏊

题名：海马　　石种：鸡骨峰
规格：20cm×15cm×8cm　　（徐耀民 摄）

龙海仙骨

鹤林月浪秋常浸，龙海波涛夜忽惊。——宋 房芝兰

题名：龙海仙骨　　石种：鸡骨峰
规格：49cm×27cm×20cm　　（徐耀民 摄）

第三章 春云出岫：昆石品类图鉴

祥云团栾

松露重,月烟深,祥云捧玉到天心。——宋 曹勋

祥云团栾　　石种：鸡骨峰
尺寸：38cm×40cm×30cm　　（徐耀民　摄）

昆山有玉：昆石

玉骨仙风

玉骨冰肌天所赋，似与神仙，来作烟霞侣。——宋 李之仪

题名：玉骨仙风　　石种：鸡骨峰
规格：35cm×22cm×12cm　　（徐耀民 摄）

第三章 春云出岫：昆石品类图鉴

玉缕神骨

> 神骨斗醒快，炎蒸岂能侵。——宋 孔武仲

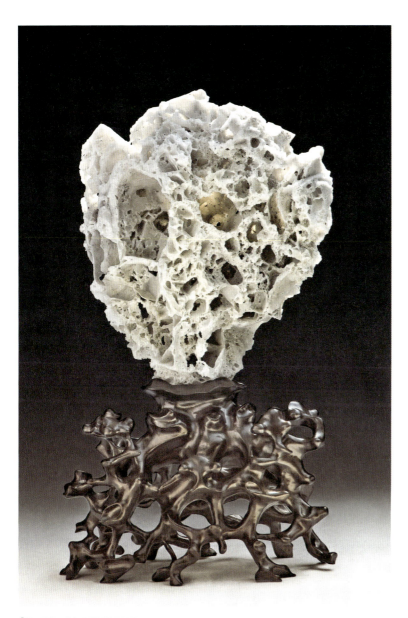

题名：玉缕神骨　　石种：鸡骨峰
规格：32cm×26.5cm×14cm　　（徐耀民　摄）

昆山有玉：昆石

凌绝顶

会当凌绝顶，一览众山小。——唐 杜甫

题名：凌绝顶　　石种：鸡骨峰
规格：24cm×21cm×15cm　　（张洪军 摄）

玉骨玲珑

醉翁满眼玉玲珑，直到烟空云尽处。——宋 毛滂

题名：玉骨玲珑　　石种：鸡骨峰
规格：22cm×28cm×12cm　　（张洪军 摄）

第二节 梨花赛雪：雪花峰赏隅

题名：风雪一品香　　石种：雪花峰
规格：26cm×23cm×18cm　　（徐耀民　摄）

> 风雪一品香
>
> 风雪为谁留住也，沧州。
>
> ——宋　无名氏

第三章 春云出岫：昆石品类图鉴

孤根立雪

孤根来自水云乡，风味天然酝酿。——宋 无名氏

题名：孤根立雪　　石种：雪花峰
规格：30cm×16cm×10cm　　（徐耀民 摄）

昆山有玉：昆石

昆仑横空

昆仑雪山在其右，巍然天柱当中居。
——宋 魏麟一

题名：昆仑横空　　石种：雪花峰
规格：40cm×40cm×20cm　　（徐耀民　摄）

第三章　春云出岫：昆石品类图鉴

飘雪聚云

烈风朝送寒，云雪霭天隅。——唐　储光羲

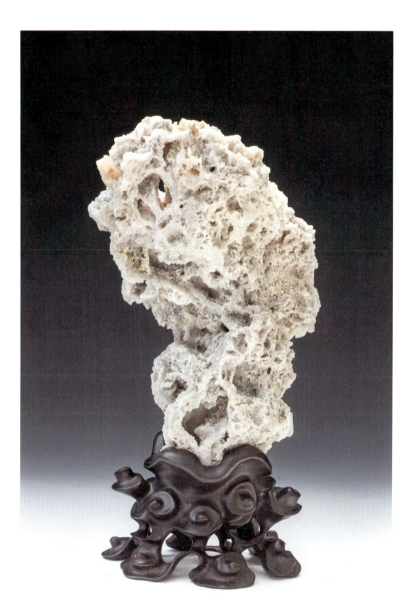

题名：飘雪聚云　　石种：雪花峰
规格：27cm×20cm×15cm　　（徐耀民　摄）

昆山有玉：昆石

山溜穿石

穿石到池泉滴滴，磨崖生藓字斑斑。——宋　苏颂

题名：山溜穿石　　石种：雪花峰
规格：38cm×40cm×22cm　　（徐耀民　摄）

第三章 春云出岫：昆石品类图鉴

疏风楼月

舞低杨柳楼心月，歌尽桃花扇影风。——宋 晏几道

题名：疏风楼月　　石种：雪花峰
规格：34cm×27cm×13cm　　（徐耀民　摄）

87

昆山有玉：昆石

霜天待月

今夜倩簪黄菊了，断肠明月霜天晓。——宋 辛弃疾

题名：霜天待月　石种：雪花鸡骨峰
尺寸：62cm×39cm×24 cm　　（徐耀民　摄）

昆仑神鹰

华亭鹤唳讵可闻，上蔡苍鹰何足道。——唐 李白

昆仑神鹰 品鉴

题名：昆仑神鹰　　石种：雪花鸡骨峰
规格：33cm×25cm×16cm　　（张洪军　摄）

雪莲

烟飞露滴玉池空，雪莲蘸影摇秋风。

——宋 释怀悟

题名：雪莲　　石种：雪花峰
规格：27cm×28cm×26cm　　（张洪军　摄）

第三章 春云出岫：昆石品类图鉴

玉雪云岫

远岫雪中绿，寒流冰下行。——明 唐顺之

玉雪云岫 品鉴

题名：玉雪云岫　石种：雪花峰
规格：30cm×22cm×13cm　（张洪军 摄）

第三节 莹海仙蜇：
海蜇峰赏隅

鲜味老蜇

蜇花渔父菜，螺钿海人杯。
——明末清初 屈大均

题名：鲜味老蜇　　石种：海蜇峰
规格：36cm×26cm×12cm　　（徐耀民　摄）

第三章 春云出岫：昆石品类图鉴

雪鸟鸣巢

月树不啼猿，雪巢无宿鹤。——宋 释正觉

题名：雪鸟鸣巢　　石种：海蜇峰
规格：45cm×26cm×16cm　　（徐耀民 摄）

昆山有玉：昆石

玉兔

玉兔何年上月宫，夜间捣药特无踪。——宋 王珪

题名：玉兔　　石种：海蜇峰
规格：42cm×25cm×15cm　　（徐耀民　摄）

洞天福地

洞天福地萃名山，我喜登临昔所悭。
——宋　汪立中

题名：洞天福地　　石种：海蜇峰
规格：38cm×23cm×9cm　　（徐耀民　摄）

昆山有玉：昆石

峰峦玉洁

寒绡素壁，露华浓，群玉峰峦如洗。——宋 张元干

题名：峰峦玉洁　　石种：海蜇峰
规格：55cm×45cm×23cm　　（徐耀民　摄）

天机云锦

一片天机云锦，见凌波碧翠，照日胭脂。

——宋 陈允平

题名：天机云锦　　石种：海蜇峰
规格：57cm×40cm×20cm　　（徐耀民　摄）

祥云团栾

满堂佳气蔼祥云，称觞椒有颂，介寿酒浮春。——宋 无名氏

题名：祥云团栾　　石种：海蜇峰
规格：48cm×32cm×16cm　　（徐耀民　摄）

第三章 春云出岫：昆石品类图鉴

聚云昆岗

虎子得来成底事，何如抱犊卧云岗。——宋 陈普

题名：聚云昆岗　　石种：海蜇峰
规格：66cm×46cm×33cm　　（张洪军 摄）

昆山有玉：昆石

莹海仙蜇

珠莹海，月沉渊，圆明相，应无边。——元 刘志渊

题名：莹海仙蜇　　石种：海蜇峰
规格：23cm×16cm×12cm　　（徐耀民 摄）

蜇海戏波

不费黄庭一卷经，经年门外戏波轻。

——宋 王洋

题名：蜇海戏波　　石种：海蜇峰
规格：30cm×30cm×18cm　　（徐耀民　摄）

鲸海外多仙境界

蚁窠中有小乾坤

第四章 秋水横波：昆石品类图鉴

胡桃峰

胡桃峰，因其石体上的结块宛如胡桃而得名。其石质与海蜇峰相同，而桃心空灵，是其主要特征。石表皱纹遍布，块块突兀聚集，晶莹圆润，犹如众多的玉质胡桃附着在石体上，加上多变的纹理则造就了硕果累累的奇异景观。胡桃峰也有玉峰山东部和西部所产之分，玉峰山东部所产胡桃峰一般体量较小，石质洁净温润、玲珑窝空，颜色一般偏暗发青色；西山胡桃峰体量一般较大，石质比较疏松，颜色干白无玉质感，胡桃壳里一般填充有杂质粒子。

杨梅峰

杨梅峰，石峰的表面上长有诸多小型圆球石体，圆球上遍布晶莹的芒刺，宛如杨梅，故名杨梅峰。杨梅峰也有玉峰山东、西部所产之分，它与胡桃峰的形体和质地极为相似，不过，胡桃峰的桃是空心，略显通透，而杨梅峰的梅心实，显得厚实。还有一个小品种，前人称之为水晶杨梅，此种杨梅峰的球形块状上长满细小纯净的水晶簇，显得更加晶莹可人，无形中增加了它的观赏价值。

荔枝峰

荔枝峰中的荔枝,色白、通透而内空,有大小之别,大者如鸽卵,小者如樱桃。其表面长满微微凸出的晶体(没有胡桃上的晶体凸显),皆呈圆顶状,上无芒刺。石上荔枝大多以累积或平铺的形式出现,而石体大都厚实,偶有通透现象。

此外还有鸟屎峰,其与杨梅峰有些类似,只是个头要小得多,大者如绿豆,小者像谷粒,或平面铺开,或累积形成谷穗头样的形体,其颗粒表面较光洁,上面大多没有水晶。其颗粒为实心,多附着在厚实的石面上,也有由多个谷穗头组成的山形鸟屎峰,但极为少见。

还有不少昆石,在色泽、纹理等方面与传统意义上的昆石品类有所区别,包括:

层叠峰,质地洁白,是以层的形态相互叠加而成,形状如阁如楼。其层或宽或窄,凹处多有不规则的水晶晶簇出现。而向外突出的层叠截面洁白如冰,犹如冰川横挂。由于层叠宽窄不同,也会自然形成大小不一的洞穴。

蚁穴峰,石峰上布满了如绿豆般大小的晶莹突起物,如同蚂蚁穴一般。穴空而形态相似,密密麻麻依偎而立,煞是壮观。其石灰白,不光洁,空隙处多有水晶晶簇出现。

还有黑昆石、红昆石、荷叶皱等。

除了极其罕见的品种外,一般的昆石石种是没有高低贵贱之分的,其差别只在于石体的大小、石形的呆巧、石面的凹凸变化和石质晶莹的程度而已。另外,白色昆石多,黑色昆石极少,而略带黄色和红色的,就显得弥足珍贵了。

在当代,各个品种的昆石也是代表着昆山城市文化形象的活跃使者,曾参加过国内外各种展览、会展、文化节,获得过许多荣誉,体现了当代昆石技艺的发展状况。

1972 年
亭林公园选送一座鸡骨峰(50cm×28cm)参加中国广州交易会中国工艺美术展。

1987 年 4 月至 5 月
亭林公园昆山县首届昆石展,"玉屏缕""昆岗积玉""盘龙水晶""鲤鱼跃波""冰心秀骨"获奖。

1996 年 10 月
亭林公园选送"奇峰攀云""瑶池琼台"两座昆石参加第三届中国赏石展,分获一、二等奖。

1997 年 8 月
亭林公园选送昆石"玉玲珑"参加1997年大连国际园林花卉博览会,获精品奖。

1997 年 10 月至 11 月
上海第四届亚太地区盆景赏石展览,鸡骨峰"冰心秀骨"作为特邀展品参展。

1998 年
上海观赏石年展,"玉鸡独立"获一等奖。

2000 年 9 月
全国首届藏石珍品大展,昆石"积云昆岗"和"寒玉凝冰"(又名"晴空一鹤")获银奖。

2001 年 1 月
中国名人名家赏石展,昆石"飞雪昆岗""昆岗韫玉"获金奖。

2001年9月至10月

广东顺德第五届中国花卉博览会，苏州市园林绿化局送展的昆石"浮云如烟"获金奖。

2001年

徐州江苏第二届园艺博览会，"琼树玉叶"获银奖。

第二届柳州国际奇石珍品大赛，"雪莲"获银奖。

深圳全国第二届藏石珍品大展暨中华奇石展，"瑞雪"获铜奖。

2002年3月

中国北京首届全国赏石精品大展暨中华奇石展，海蜇峰"峰峦玉洁"获金奖。

2002年10月至2003年1月

昆山市精品奇石展，昆石"冰心秀骨"获特等奖，"白鹅调舌"和"龙海仙骨"获一等奖。

2003年10月

首届中国(昌乐)石文化节，昆石"玉缕神骨"和"孤根立雪"，分获金、银奖。

2004年5月

南京第六届中国赏石展暨国际赏石展上，参展昆石"冰心秀骨"和"玉玲珑"获金奖，"晴空一鹤"获银奖。

南京国际民族民间文化艺术博览会江苏民间藏石选粹展，昆石"玉缕神骨"获金奖，"洞天仙府""玉树琼花""玉玲珑"分获银奖、铜奖和优秀奖。

2004年12月至2005年1月

昆山市收藏家协会举办2004年昆石精品大展，"珠肌韫玉""雪鸟鸣巢""玉峰秀色""雪莲""峰峦玉洁""银辉出岫""龙海仙骨""晴空一鹤""玉缕神骨""冰心玉骨"被评为昆石十珍。

2004 年
杭州中国第七届艺术节，鸡骨峰"玉麒麟"获绝品奖。

2007 年 9 月至 10 月
第五届江苏省园博会（南通），苏州市选送昆石海蜇峰获一等奖。

2007 年
北京奥运邀请展中国观赏石博览会，海蜇峰"祥云团栾"获金奖，鸡骨峰"晴空一鹤"获铜奖。
鸡骨峰"玉麒麟"被"中国观赏石科普丛书"列为中国名石。

2008 年
中国赏石展博览会携手奥运北京精品展，鸡骨峰"雪山片玉"被评为"奥运之星"。

2009 年
上海中国国际赏石精品展博览会，海蜇峰"天机云锦"获极品奖。

2010 年
第九届中国赏石展览会，海蜇峰"翠峰染霞"获铜奖。

2012 年
上海第十届中国赏石展暨国际赏石展，胡桃峰"羽琤烟霞"、海蜇峰"团蜇银裹"、小杨梅峰"春花通福"获金奖，黑昆石"黑玉冰清"、海蜇峰"月华悬空"、胡桃峰"桃源玉屏"、雪花峰"白雪拥玉"、海蜇峰"琼峦叠秀"、鸡骨峰"仙山云峰"获银奖，海蜇峰"蛟螭弄涛"获铜奖。

第一节 桃源云窝:

胡桃峰赏隅

硕果累累

硕果园林密,春山雨露濡。——宋 朱翌

题名:硕果累累　石种:胡桃峰
规格:36cm×23cm×18cm　（徐耀民　摄）

第四章 秋水横波：昆石品类图鉴

碎金炉香

炉香昼永龙烟白，风动金鸾额。——宋 欧阳修

题名：碎金炉香　　石种：胡桃峰
规格：35cm×30cm×18cm　　（徐耀民 摄）

109

昆山有玉：昆石

桃源玉屏

睡起玉屏风，吹去乱红犹落。——宋 宋祁

题名：桃源玉屏　　石种：胡桃峰
规格：38cm×23cm×11cm　　（徐耀民 摄）

第四章 秋水横波：昆石品类图鉴

雪桃掩岑

今年阳初花满林，明年冬末雪盈岑。——南朝宋 鲍照

题名：雪桃掩岑　　石种：胡桃峰
规格：23cm×16cm×8cm　　（徐耀民 摄）

昆山有玉：昆石

羽琮烟霞

烟收云敛，极目遥琮三四点。——宋 姚述尧

题名：羽琮烟霞　　石种：胡桃峰
规格：37cm×26cm×10cm　　（徐耀民 摄）

玉玲珑

低回金叵罗,约略玉玲珑。——宋 张炎

题名:玉玲珑　　石种:胡桃峰
规格:37cm×27cm×10cm　　(徐耀民 摄)

昆山有玉：昆石

云升祥瑞

玩四时时见，祥云瑞气，三光光罩，玉洞琼筵。——元 丘处机

题名：云升祥瑞　　石种：胡桃峰
规格：48cm×26cm×20cm　　　（徐耀民　摄）

第四章 秋水横波：昆石品类图鉴

麻姑献桃

麻姑来庆，笑道沧海几扬尘。——宋 无名氏

题名：麻姑献桃　　石种：胡桃峰
规格：23cm×20cm×12cm　　（张洪军　摄）

昆山有玉：昆石

玩猴悬崖

不问猿崖鸟道深，携筇著屐伴君寻。——宋 杨蟠

题名：玩猴悬崖　　石种：胡桃峰
规格：33cm×34cm×12cm　　（张洪军　摄）

第四章 秋水横波：昆石品类图鉴

哮天神犬

目光如电众所惊，踞地咆哮天为黑。——明 张治道

题名：哮天神犬　　石种：胡桃峰
尺寸：19cm×26cm×12cm　　（张洪军 摄）

117

第二节　宝髻寄禅：

杨梅峰赏隅

春花通福

遥知二月王城外，玉仙洪福花如海。——宋　苏轼

题名：春花通福　　石种：小杨梅峰
规格：37cm×31cm×17cm　　（徐耀民　摄）

桃园仙居

仙居多异草，圣地绝凡踪。

——宋　释梵琮

题名：桃园仙居　　石种：杨梅峰
规格：20cm×11cm×8cm　　（徐耀民　摄）

玉山多福

巨福山上望凌霄，万重山海烟波阔。——宋 释普宁

题名：玉山多福　　石种：小杨梅峰
规格：38cm×29cm×10cm　　（徐耀民　摄）

第四章 秋水横波：昆石品类图鉴

蟠桃盛会

海变沧田都不记，蟠桃一熟三千年。——宋 晏殊

题名：蟠桃盛会　　石种：杨梅峰
规格：50cm×40cm×32cm　　（张洪军 摄）

昆山有玉：昆石

梭孔魔方

苟非神圣亲手迹，不尔孔窍谁雕剜。——宋　欧阳修

题名：梭孔魔方　　石种：杨梅峰
规格：23cm×27cm×11cm　　（张洪军　摄）

第四章 秋水横波：昆石品类图鉴

桃源洞天

茅屋两三椽，白石与清泉，更谁问，桃源洞天。——元 姬翼

题名：桃源洞天　　石种：杨梅峰
规格：33cm×52cm×12cm　　（张洪军 摄）

香雪梅岭

银河沙涨三千里，梅岭花排一万株。——唐 白居易

题名：香雪梅岭　　石种：杨梅桃峰
规格：32cm×37cm×23cm　　（张洪军　摄）

第四章 秋水横波：昆石品类图鉴

雪桃玉屏

玉屏松雪冷龙鳞，闲阅倦游人。——金 蔡松年

题名：雪桃玉屏　　石种：杨梅峰
规格：44cm×31cm×14cm　　（张洪军 摄）

雪崖藏梅

孤危不立自孤危,万仞雪崖丰骨露。

——宋 释绍昙

题名:雪崖藏梅　　石种:杨梅峰
规格:22cm×28cm×13cm　　(张洪军　摄)

第四章 秋水横波：昆石品类图鉴

玉白菜

拟向山阳买白菜，团炉烂煮北湖羹。——宋 吴则礼

题名：玉白菜　　石种：杨梅峰
规格：29cm×32cm×16cm　　（张洪军 摄）

昆山有玉：昆石

第三节　玉肌新圆：

荔枝峰及其他小品种昆石赏隅

题名：玉蕊屏　　石种：荔枝峰
规格：20cm×30cm×9cm　　（徐耀民　摄）

玉蕊屏

君王自劝三宫酒，更送天香近玉屏。——宋　汪元量

晶梅润雨

苍立箨龙秀，青压雨梅肥。——宋 廖行之

题名：晶梅润雨　　石种：荔枝峰
规格：21cm×25cm×24cm　　（张洪军 摄）

雪花梅岭

欲持梅岭花，远竞榆关雪。——唐 张说

题名：雪花梅岭　　石种：荔枝峰
规格：19cm×24cm×8cm　　（张洪军 摄）

玉峰硕果

清尊既潋滟，硕果亦璀璨。——宋 陆游

第四章 秋水横波：昆石品类图鉴

题名：玉峰硕果　　石种：荔枝杨梅峰
规格：52cm×82cm×28cm　　（张洪军 摄）

昆山有玉：昆石

玉笋

悬知不作人间住，归去春风玉笋班。——宋 管鉴

题名：玉笋　　石种：荔枝峰
规格：15cm×30cm×12cm　　（张洪军 摄）

第四章 秋水横波：昆石品类图鉴

古意盎然

古意高风，幽人空谷，静女深帏。——宋 周密

题名：古意盎然　　石种：黑昆石
规格：30cm×30cm×14cm　（徐耀民 摄）

璞玉不凡

杜侯兄弟继之后,璞玉浑金美腾口。

——唐 贯休

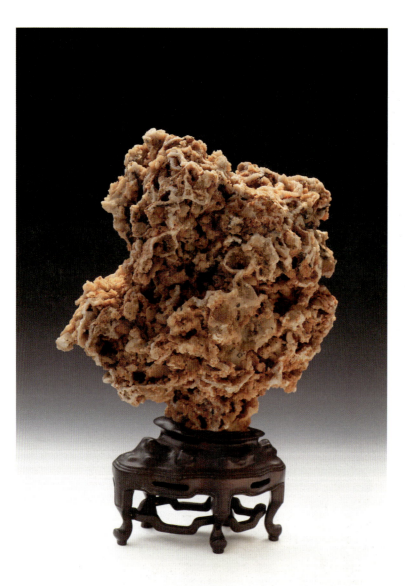

题名：璞玉不凡　　石种：胡桃峰（红昆石）
规格：31cm×28cm×14cm　　（徐耀民　摄）

第四章 秋水横波：昆石品类图鉴

艳光

艳光落日改，明月与人留。
——宋 梅尧臣

题名：艳光　　石种：鸟屎峰
规格：20cm×10cm×8cm　（徐耀民　摄）

秀外慧中

行都赫奕名王第,列屋珠玑多秀慧。——宋 张镃

题名:秀外慧中　　石种:蚂蚁峰
规格:35cm×26cm×15cm　　(徐耀民　摄)

○ 第四章　秋水横波：昆石品类图鉴

巫山残雪

想得横陈，全是巫山一段云。——宋　向子諲

题名：巫山残雪　　石种：黑昆石
规格：33cm×20cm×9cm　　（张洪军　摄）

昆山有玉：昆石

原味

冬来天气正严凝，红石山高策马登。

——明　王越

原味 品鉴

题名：原味　　石种：鸡骨峰（红昆石）
规格：38cm×23cm×14cm　　（张洪军　摄）

蚁窠

鲸海外多仙境界，蚁窠中有小乾坤。——宋 刘克庄

题名：蚁窠
石种：鸟屎峰
规格：20cm×19cm×10cm
（张洪军 摄）

唐风宋韵

自是曹刘匹，非分唐宋家。——宋 舒岳祥

题名：唐风宋韵
石种：蚁穴峰
规格：33cm×19cm×15cm
（张洪军 摄）

昆山有玉：昆石

低回金叵罗

约略玉玲珑

第五章 吴盐胜雪：昆石的技艺

由于昆石的价值巨大、市场广阔，玉峰山的昆石资源又极其有限，所以，近年来在市场经济的推动下，市面上出现了一些异地出产的"昆石"，产地分别为浙江、福建、安徽等地，也有人称其为"类昆石"。这些石头的结构与昆石相似，产量较大，价格相对便宜。但昆石之所以传承悠久，渊源有自，是因为昆石品质的特殊性，以及包括品质呈现在内的昆石技艺的特殊性。我们不妨通过昆石与类昆石在化学成分、结构、形态、色泽等方面的比较感受如上所说的特殊性。

昆石的主要成分为二氧化硅即石英。由于地壳运动，昆山玉峰山区域地壳内部形成了各种奇形怪状的网络石英骨架，因昆石是石英晶簇结构，故其内在结构变化极其复杂，除了人们常见的片、板的形态之外，还有粒、球的形态。而在这相同的形态中，还有体积的大小、厚薄、空实及色的灰白之别。此外，品种也有单一和组合之分。

昆石古时俗称"玲珑石",它外形精巧细致,而内部却空洞林立且洞洞贯通,其窍孔遍布处,尽显通灵剔透、皱褶波动之态。昆石的海蜇峰相对浙江出品的海蜇峰而言则比较密实,石面虽有洞,但洞少而浅。此外,昆石的表面布满了短小的芒刺,锋如利刃。石面也偶尔可见细细的裂缝,但裂隙窄且短。昆石的颗粒细小,其硬度可达莫氏6~7度,但其韧性较差,特别容易折断和损伤。昆山的玉峰山整座山都产昆石,没有其他的石种。

浙江石中的海蜇峰结构特别空灵,其洞不仅多而且相连,洞内结构变化也大,形成了洞中有洞、上下贯通的玲珑透体,其空灵度远远胜过昆石的海蜇峰。而浙江石鸡骨峰片厚、透光性差,与昆石鸡骨峰相比要逊色得多。浙江石石面出现裂缝的较多,裂缝沿一条石脉贯穿整个石体,有的裂缝宽处约有2毫米,极易造成断裂。断后的石面相对平整。出现裂缝的石头比例较多,约占石头数量的百分之七十。

多数浙江石组成颗粒粗大,其韧性也很差,更容易折断和损伤。昆石的断裂面有闪闪发光的晶体,而浙江石则没有,这说明两者的成分还是有所不同的。浙江石产在山上,面积极小,为条带状;山头比较低矮,山上有大量的黑灰色石头。

福建石中的漂白、青白石种硬度与昆石相当,截面也可以看见较大的颗粒,无光泽,没有玉质感,表面偶见小颗粒晶体;漂白石种极其空灵,可与空灵的昆石媲美,但空灵的洞内空洞无物,没有变化,不似昆石洞内结构复杂、变化多端。石膏白石种,结构疏松,硬度极低,一掐即碎,与同大小的漂白、青白石种相比体量较轻;石面上的穴窟,密集度高，呈蜂巢状，通透的极其少见；石面没有裂缝，所含二氧化硅低于昆石。福建石与萤石伴生，量不大。

对于这些异地出产的"昆石"，应该给予正确对待。既给它们一个明确的身份使其良性发展，又要杜绝假冒昆石、不当牟利的行为，从而在昆石资源日益稀缺的时代，继续繁荣昆石文化。

昆石"云梦心香"插屏瓷板画

（张洪军　画／摄）

第一节　来如风雨去如尘：
昆石的选坯与冲洗

昆石是洗出来的。

赏石贵在得自然真趣，昆石也同样崇尚天真，但偏偏昆石的天真是要经过长时间耐心仔细的处理过程方能"洗尽尘埃始到真"。与其他赏石相比，昆石的处理环节无疑是较为繁复的。昆石的藏家常常既是藏家，又是自己动手来处理石坯的手艺人，而这个处理需要花费的时间和精力常常让这些昆石文化实践者们深有感触、冷暖自知。严健明即是这样一位资深的昆石赏石家，看他写昆石的文字特别有现场感，昆石对他而言不是阳春白雪，而是活态的生活。比方说他会告诉你多少年来他翻来覆去跑遍了玉峰山的每个角落，他曾在各种土层里看到过形态各异的昆石，这些昆石经冲洗后他发现上面均有人工斫凿的痕迹，而且这些大小不一的昆石均为卧石，由此他判断这些昆石都是早期水石盆景石的遗存。他知道很多关于昆石的昔人往事，比方说他曾听到老中医李觉民告诉过他：在20世纪40年代左右，昆山有两位擅长挖凿加工昆石的匠人，一位叫孔阿二，一位叫阿星火，而孔阿二的手艺可以使他以此谋生。还有传说中昆山张浦大户许家，兄弟分家产时老大只挑了一块不足八寸的昆石。严健明先生曾写过一篇题为《从石坯到艺品》的文章，让我们得以较为详尽地了解局外人难以知晓的昆石处理流程。严先生在文章里说："昆石的清理过程应是一个冲洗泥沙、剔除浮石、浸泡石坯、添加座子的过程。在整个过程中力求保持石体的完整性，这是完全必要的。切勿破伤自然风貌，应该给人原汁原味、纯天然的感觉。"所以"自然"的昆石并不等同于"原始"的昆石，产于洞穴、埋于土层的昆石只有告别原始，方得自然。

昆石是从玉峰山山洞里采凿下来的，这点和矿晶相似，它们基本都有断面。昆石越完整越好，因此，在清理红泥过程中要尽量保持昆石原来的体貌和自然结构，清洗好后根据其自然形态找到最佳看点，横摆竖放皆要扬长避短，凸显最美的一面。

当代昆山赏石家邹景清有《昆石的清理和保养》一文，讲的是自己多年的洗石经验，尤其真切。其中介绍古人清理昆石的方法时是这样说的：

古代制作昆石时需准备必要的简易工具，有粗细钢针、竹签、小榔头、放大镜、木盆、木桶等，以及含酸碱的草木等原料，如荆树叶、海棠花、金钱草和白醋等。

先民们在玉峰山中采挖到的是红泥包裹的昆石毛坯，首先要放在炙热的阳光下暴晒五六天，使石上红泥发硬。然后将荆树叶、海棠花、金钱草等含碱性的植物捣烂，再加上淘米水和成糨糊状敷在坯石上，或者把坯石浸泡在上述的物质中含碱的水浸入坯石的缝隙后会使红泥疏松，尔后放入河水中清洗。此时，坯石中的泥沙随着流动的水漂出。这样的出泥过程需反复进行，直到坯石缝隙中的红泥全部彻底清洗干净为止。这个出泥过程的最佳时间段，一般在每年的夏季。在清洗过程中，如发现没有清洗掉的杂质泥屑，可用钢针或竹签剔除，以使坯石更为干净。

第二步，进行坯石的加工。雕琢造型是加工昆石的工艺关键。做此工作时必须小心谨慎，雕琢时坯石底部应垫上软物，以免震裂。根据老艺人介绍：昆石的造型应在"皱、漏、透"的基础上，再用"伛、醉、瘦"所体现的意境来进行必要的加工。"伛"，是指石身的上部稍呈前俯，似有笑容可掬之状；"醉"，是指造型有势，左右顾盼，婀娜多姿，避免笔直如若照牌；"瘦"，则是石身须薄，峰孔剔透，富有层次，似断非断。昆石清理必须以不能破坏主体的结构美和减少断裂面为原则，这是前提。人工痕迹越少越好，虽经雕琢，但内部自然结构绝对不能变，始终要保持昆石的自然美。

第三步，是在去尽泥沙杂质和定型完毕后，再用白醋和少量盐浸泡，这一过程是使石上黄渍全部去尽，再用屋檐水（天落水）反复冲洗，直至石块洁白如玉。此时还可采用少量荆树叶之水浸泡，可使昆石光洁度更好。

在古代，以上三步工序需费时5年左右时间，才能使坯石成为昆石观赏石。

而现代人清理昆石的方法则已有了明显不同：

现代人清理昆石也要从选坯石开始。坯石大都混杂在红褐色的泥土之中，初选时要用竹、木棍将石面上的泥块清理掉（忌用金属工具，因为昆石性脆容易断裂），然后观察坯石的形状和品种，判断其是否有进一步清理的价值。这是第一步，也是关键的一步。之所以要慎之又慎，是因为此举关系到该昆石今后的"成败得失"。

接下来，把选好的坯石放在石质的板上（或水泥板上），在炙热的阳光下进行暴晒。坯石下面之所以放石板，是因为昆石可以收到"上晒下蒸"的效果。夏季是晒石的最好季节，尤其是在忽晴忽雨的日子，一热一凉更容易使泥土脱落。每隔三五天，就要将暴晒的坯石周身翻动一次，为的是使坯石的各个面都能被晒到。如果坯石的各个面晒的时间不一致，或者没有被晒到，可能会出现石面受热不匀，造成有的泥土已经脱落，而有的泥土仍然很牢固的现象，为今后的工作增加了难度。外表泥土脱落完的坯石，才能用碱进行处理。碱洗前，还要先将坯石晒热五六天，尔后趁热把坯石放入热碱水中浸泡一两天以去除残泥，之后将坯石取出用清水反复冲洗，直至无泥为止。为了使石坯受碱蚀均匀，在浸泡过程中，要将其上下左右翻动。碱在这里的作用，主要就是清除坯石体内和表面残留的泥土。昆石被有酸性的泥土包裹，用碱处理，可以收到既去泥土又不伤石肌的双重效果。

如果，此时的坯石石缝中还含有泥土和杂质，就需要进一步的清理，而修饰和雕琢可以与清理同时进行。这个程序包括两个内容，一是清除坯石窍孔、夹缝里的杂质，二是修整石形。昆石在形成之初，已经有杂质乘机混入石孔之中，所以仅用碱是无法将其清除的。这时必须用细小的金属棍等工具把石孔打开，取出杂质。敲打石孔，用力要轻，这时的昆石已经完全没有了泥土的依托，特别容易碎裂，尤其是鸡骨峰品种石，更是"娇嫩无比"，不堪一击。

最后是酸洗。草酸酸洗（酸浸泡）是清洗中的重要环节。碱洗过的坯石虽然没了泥土，但仍然有斑斑黄渍，这是泥土长年浸染的结果。酸洗之前，要先将坯石在水中浸透，而后晾干表面，之后才能放入酸中。酸洗时，一定要注意酸洗的时间和把握好酸的浓淡。可以手拿坯石浸入酸中，也可以将坯石直接放在酸里。酸洗的方式、时间的长短及酸的浓淡，要依据坯石黄渍的厚薄而定，不可估量为之。初次清理坯石，更要谨慎，超浓度的酸和过度的浸泡，将会使昆石的架构和石质受损，从而影响到它整体的观赏价值。酸洗过的坯石，露出洁白如雪的身躯后，必须要用淡碱水中和，然后再用清水浸泡两三天，中间要多次换水，直至将残留的酸碱全部清除，使昆石保持"中性"，最后晾晒干才算完成。

以上的几个步骤完成，所需的时间，要根据具体情况而定，泥土少且黄渍薄的坯石大概需要三五个月或者七八个月，泥土多、黄渍厚的则需要一两年甚至更长的时间。

在比较了现代人与古人清理昆石方法的不同后，邹景清先生得出了古今各有利弊的中肯结论："古代人清理昆石的方法，由于使用的是纯天然的'清洗剂'，没有伤害昆石的'筋骨'，所以收藏若干年后仍然如初。但遗憾的是，其'过程'特别漫长，已远远不能适应当今的需求。而现代人大多使用的是化学品，虽然清理的时间被大大缩短，也比古代的清洗方法使石头更干净和洁白，甚至还可以更充分地利用昆石资源，但是，这样的方法极易使昆石受到'内伤'，已是不争的事实。尤其是滥用化学品，则更易使昆石晶体的硬度受损，从而极大地缩短昆石的'寿命'。所以，'中庸之法'是在清洗时一定要把握好酸和碱的用量及使用时长，尽量避免今后给收藏者带来不应有的损失。"

昆石"玉骨冰清"由毛石到成品再到配画展陈
(张洪军 画/摄)

第五章 吴盐胜雪：昆石的技艺

第二节　除芜存菁始见真：
昆石的剔杂与去渍

冲洗石坯后，还需对石坯上黑色的浮石进行清除。这项工作看似简单，实际上技术性很强，而且要胆大心细，意到功到。这是昆石清理技艺中重要的一环，操作者如果没有实践经验，往往会使石坯的纤细结构受到伤害。拿一根纤细而且有弹性的钢针，随着视点的移动，进行上下左右的挑剔，将浮石清除，简称"剔杂"。操作时须凝神屏气，不受外界干扰。"剔杂"实质上是在用心去除浮石。

而在清理中，不管工具如何先进，雕琢技术如何高明，总抹不去人工所为的痕迹。有些石坯中的黑籽较多，玩石者用钢凿除去黑籽也在所难免，但因此也留下了人工的痕迹，反而不如不凿，任其自然，昆石会更有价值。之所以前人留下的昆石很少发现有人为痕迹，是因为前人更懂得昆石之美是自然之美，并非人工所能企及，故而在清理中竭力维护昆石原貌。

昆石的去渍工序，是昆石清理工艺的最后一道环节。剔清杂质后的石坯，先经水中漂洗，然后晒干后去渍。前人用野金花菜及海棠叶捣烂后的汁作为去渍的生物酸，而现在人们用的是化学提炼的草酸，用草酸尚不伤及昆石肌体，但更有甚者用草酸、硼酸、氢氟酸组成的三合一混合液，这样做会改变昆石内部结构，并不足取，且浸泡过程中会对环境产生毒性污染。

如果使用草酸的话，草酸浓度需要根据季节、天气、温度而确定。浸泡时间同样要根据季节、天气、温度而论。一般来说，五月的气温二十摄氏度以上时，可以开始浸泡石坯，到十月停止。如果温度低的话，草酸浓度可高一些，大伏天草酸浓度要低一些。温度低，浸泡时间可长一些，一般在一星期左右，大伏天则浸泡一两天即可，但草酸浓度不可超过4%，同时也要看草酸质量，当草酸微微发黄时，则不能继续使用。至于在冬天用"热得快"加温的方法会破坏石质结构，并不可取。浸泡后的石坯需要再次放在清水中漂清，一般需要经过十天半个月，才能将草酸洗净。将石坯晒干后，就可以根据昆石材质的形态特点，加配底座了。

经过如脱胎换骨般的清洗和整理后，一块玲珑多姿、洁白无瑕的昆石就会神奇地展现在你的面前，发出异样的光彩。而昆石清洗处理的目的是求真，以更好地展现自然，这和赏石活动中的造假行为是有天壤之别的。我们只要通过和下面介绍的赏石造假之种种手段来进行对照，就不难区别分辨。

赏石造假往往是在平淡无奇的或有缺陷的石块上，用现代加工工具，采用各种手段，对其进行人工处理，使其身价倍增。造伪者往往通过劈、斩、抠、挖、填、挫、雕、磨、烂、模压、增褪色、注胶等一系列的手法，来制造观赏石，使其形成规模生产，创造利润。而成功的、有经验的昆石工匠们在对昆石的清洗处理过程中，一直是遵从天性自然的原则，与赏石的造假作伪完全没有可比性。

第三节　问讯石兄殊不疏：

昆石的立座、陈设与命名

清理完毕后的昆石石坯需要配上座子，让它竖立在人们面前，才能用于欣赏。不同的立座有不同的内涵和不同的观赏价值，立座的好与坏直接影响昆石的审美效果。所以必须从不同角度去发现昆石具有最佳审美价值的外部形态，然后决定最佳的立座方法。首先是从不同的角度中发现不同的形象，从不同的形象中去挑选最具审美价值的形象。传统的立座讲究的是"云头雨脚""伛与醉""气势与神韵"等。其次是从不同的审美角度考虑是意象石立座好还是象形石立座好。再次是从昆石结构美的角度来确立主观赏面，同时兼顾其他几个面的观赏效果。最后是从形式美的角度来考虑平衡、对称、比例等因素。

座子的设计是增强赏石艺术表现力的一个不可忽视的环节。座子的设计需要读石、观石，从而确定昆石的主观赏面，选择合适的木料并且注意木料纹理的走向。之后就是确定座子的款式，可以因石而异，座子的大小比例必须合理匀称。总之，座子的配制从如何落座、木料选择，到款式设计、精心雕刻、油漆加工，等等，每一个环节都需要重视，力求做到尽善尽美。只有配上后让人觉得昆石更好看了的座子才是好配座。

昆石一石一画配套展陈
（张洪军　画/摄）

第五章　吴盐胜雪：昆石的技艺

在2020年，吴新民、陈益两位先生还进一步延伸和深化了关于立座的看法："昆石不同的立座方式，可以产生不同的联想。同一个立座形式，每个人欣赏的角度不同，也可能有不同的感觉。显然，随着不同的审美意识，联想会抵达不同的意境。这种意境一定是在人的思想情感与昆石之间高度和谐融合后产生的，它丰富深远、耐人寻味。也是一种能令人引发无穷想象的艺术境界，是情思与景物的统一。"

也有论者这样谈及适宜的配座给赏石者带来的愉悦感："一块晶莹洁白的昆石再配上红木基座便可使得其格外典雅古朴，玲珑剔透。真可为'极天斧神镂之巧，融自然艺术之奇'的天然工艺观赏精品。将它置于案几上能使您'眼见尺壁，如临嵩华'，悦人耳目、怡人心神。"

关于如何陈设，必须考虑昆石与所在物质性的外环境及人的精神性内环境的契合度。在这方面，结合考察昆石在自身发展变迁中经历了从水石配植到庭院置石及案几供石的过程，也许可以有展开想象力、发展合理性的空间。关于陈设，邹景清先生还曾谈到其事关保养："成型的昆石高度一般在20~30厘米左右，当然也有例外，但大于30厘米的已属罕见。人们欣赏昆石，除了崇尚其自然天成外，还欣赏它的架座和放置方法。昆石喜欢潮湿，怕灰尘，所以适宜放在封闭、透明的玻璃罩内，里面再放置一小杯清水，以增加罩内的湿度。每隔一段时间，要将玻璃罩拿开，让昆石透透空气，以保持它的'鲜活性'。"

在昆石的命名方面，吴新民、陈益两位先生有很多精彩的总结归纳和实例赏析。在2008年版《中国赏石丛书：中国昆石》中，吴新民提出了昆石命题的四条路径，即以生动的形态来命题、以深远的意境来命题、以丰富的情感来命题、借题发挥巧妙命题。而要给昆石起一个好名字，关键在于把握住主题明确、名副其实、名达其意、命题精练、通俗易懂、文字典雅、不落俗套、表达生动及巧妙命题诸方面。

吴新民、陈益两位先生提出将昆石题名分别置于感性审美与理性审美的不同情景做出思考，并结合大量题名实例将待命名的昆石分为四类展开探究，即有主题内容的、没有明确主题的、有系统理论的、有具体实例的，耐人寻味，启人深思。

两位先生还指出："昆石的题名，建立在审美的基础之上。审美，包括感性审美与理性审美。所谓题名，不是一般意义上给昆石加上符号，赋予称呼，其目的是要展示昆石形式美和艺术美的特征。这是命名者出自对昆石的爱，抒发出的一种情感，用文字提炼出昆石的艺术形象。"

第五章　吴盐胜雪：昆石的技艺

昆石一石一画配套展陈
（张洪军　画/摄）

玉屏松雪冷龙鳞

闲阅倦游人

第六章　玲珑逸友

明人小品文集《小窗幽记》中有这样的表述："形同隽石，致胜冷云，决非凡士；语学娇莺，态摹媚柳，定是弄臣。"又说"窗前隽石冷然，可代高人把臂"，均是将人的清介高贵品质赋予了本是无情物的顽石，把隽石视为可相伴随、值得信赖的好友。陈继儒（号眉公）在《岩幽栖事》中拿赏石和人生中其他的观赏审美行为做比较："香令人幽，酒令人远，石令人隽，琴令人寂，茶令人爽，竹令人冷，月令人孤，棋令人闲，杖令人轻，水令人空，雪令人旷，剑令人悲，蒲团令人枯，美人令人怜，僧人令人淡，花令人韵，金石令人古。"也说使人感觉清隽是石的好处。在《岩幽栖事》里，陈继儒还讲到人在面对石时的另一个好处是全无拘束、自由自在："居山有四法：树无行次，石无位置，屋无宏肆，心无机事。"

古代的赏石者还会将人生际遇离合无常的同理心寄于可能原本并不起眼的普通石头，因为其中浸润了观赏者自己的心境和感情，才显得"苍鉴可爱"，如明末才女叶小鸾即有一篇《汾湖石记》，文曰：

汾湖石者，盖得之于汾湖也。其时水落而岸高，流涸而崖出。有人曰：'湖之湄有石焉，累累然而多。'遂命舟致之。

其大小圆缺，衰尺不一。其色则苍然，其状则鉴然，皆可爱也。询之居旁之人，亦不知谁之所遗矣。岂其昔为繁华之所，以年代邈远，故湮没而无闻耶？抑开辟以来，石固生于兹水耶？若其生于兹水，今不过遇而出之也；若其昔为繁华之所湮没而无闻者，则可悲甚矣。想其人之植此石也，必有花木隐映，池台依倚，歌童与舞女流连，游客偕骚人啸咏。林壑交美，烟霞有主，不亦游观之乐乎！今皆不知化为何物矣。且并颓垣废井、荒涂旧址之迹，一无可存而考之，独兹石之颓乎卧于湖侧，不知其几百年也，而今出之，不亦悲哉！

虽然，当夫流波之冲激而奔排，鱼虾之游泳而窟穴，秋风吹芦花之瑟瑟，寒宵唳征雁之嘹嘹，苍烟白露，蒹葭无际，钓艇渔帆，吹横笛而出没；萍钿荇带，杂黛螺而萦覆，则此石之存于天地之间也，其殆与湖之水冷落于无穷已耶？今乃一旦罗之于庭，复使垒之而为山，荫之以茂树，披之以苍苔，杂红英之璀璨，纷素蕊之芬芳，细草春碧，明月秋朗，翠微缭绕于其巅，飞花点缀乎其岩。乃至楹槛之间，登高台而送归云；窗轩之际，照迟景而生清风。回思昔之啸咏，流连游观之乐者，不又复见之于今乎？则是石之沉于水者可悲，今之遇而出之者，又可喜也。若使水不落，湖不涸，则至今犹埋于层波之间耳。石固亦有时也哉！

而每当繁华落尽，往昔雄盛都化为过眼云烟之时，可能唯有石最经得起岁月的洗礼，成为历史的无言见证。

《玉玲珑》
(崔护 画 / 徐耀民 摄)

第六章 玲珑逸友

第一节　虚斋清供：
昆石与中国传统士人情趣

中国传统士人以石为隽友，石这样一个人格化的对象自然是可以登堂入室的理想同伴。唐代身居相位之尊的牛僧孺，留给后人的历史记忆中最突出的印象是两点：一，他是朋党倾轧牛李党争对立双方的主要当事人；二，他特别喜欢太湖石，嗜石如命，居然到了"游息之时，与石为伍"，甚至"待之如宾友，司视之如贤哲，重之如宝玉，爱之如儿孙"的境地。所以在他建墅营第，将太湖石列而置之时，白居易为他写了《太湖石记》，对其似乎有点过头了的个人喜好却很有共鸣。一边是人生竞技场上的你争我抢、互不相让，另一边却是独对冷石、岁月静好。看上去彼此矛盾的人生两面就这样体现在了这个独特人物身上。更加有意味的是，牛李党争的另一位主要当事人、牛僧孺的冤家对头李德裕竟也是一位爱石之士，以至于南宋诗人刘克庄为此感慨道："牛李势如冰炭，唯爱石则如一人。"明代杨循吉《梅石斋记》里就讲到了浙江平湖有一位贾君每日里与梅先生、石丈二人友善，杨循吉就问他为什么独独喜欢梅和石，两人就此展开了一番有趣的问答。"君曰：'梅先生，以清德挺拔孤寒之中，居者与之俱化；而石丈之为人，铿铿然不可移动者也。'杨子曰：'梅先生，岂汉之梅尉等者耶？'君曰：'梅尉位卑言高，其人虽贤，不识时，非梅先生比也。'杨子曰：'秦

第六章 玲珑逸友

题名：桃源仙骨　　石种：鸡骨峰
规格：39cm×22cm×15cm　　（徐耀民　摄）

末有黄石公，视子之有丈何如？'君曰：'黄石公隐而多事，能匿名不能匿智，安能拟吾石丈？'梅子曰：'然则梅尧臣乎？石曼卿乎？'君曰：'尧臣、曼卿俱以文有名，官不得高贵，其宰相之责欤？仕而不遂，不若隐避。吾梅先生、石丈无此患矣，吾故贤之。'杨子曰：'此二公者何居？'君曰：'梅先生非远，子其问诸西湖之滨。石丈在山中有其迹也。'杨子曰：'君何以致之？'君曰：'梅先生高矣，吾往见焉。石丈，则辇致之矣。'杨子曰：'此二公者亦何用哉？'君曰：'用梅先生则能调和四海；用石丈则能镇压天下，皆非常材也。'杨子曰：'君之自处其梅石之间乎？'请遂

《云林石谱》

（昆山市档案馆　提供）

称君为梅石君,而遂以名其斋焉。"在上述对话中,这位平湖贾君眼中之石是一位坚毅沉稳、藏拙隐智、随遇能安、有镇定气场的长者。

江南收藏奇石的风气,与园林的兴盛是分不开的。江南园林,几乎没有无石之园。叠积奇石,与花木亭榭相映成景,是构筑园林的基本方法。北宋,奇石成为园林艺术的重要组成部分。

北宋一代文坛领袖、大文豪苏轼也和著名的石痴米芾一样,对各种奇石兴致很高,尤其是对所谓"怪石",写下了《怪石供》《后怪石供》《雪浪石》《双石并序》《咏怪石》《壶中九华》等大量相关主题的精彩诗文,其中他的以怪为美、以丑为美的赏石观念对后世影响很大。

在宋代这样的崇石氛围下,出现了诸多记录各地奇石并加以鉴赏品评的石谱类著述,我们今天还能较完整或部分读到的有《宣和石谱》《渔阳公石谱》《云林石谱》等,而杜绾于南宋绍兴年间写就的《云林石谱》,还是迄今我们能见到的最早提到"昆山石"的文献之一:

平江府昆山县,石产土中,多为赤土积渍。既出土,倍费挑剔洗涤,其质磊瑰,巉岩透空,无耸拔峰峦势,叩之无声。士人唯爱其色之洁白,或种植小木,或种溪荪于奇巧处,或置立器中,互相贵重以求售。

这里所说的"溪荪"指的是生长在溪边的一种小型菖蒲,王象晋在《二如亭群芳谱》"菖蒲"一节中,详细记载了当时菖蒲的不同种类:

菖蒲,一名昌阳,一名昌歜,一名尧韭,一名荪,一名水剑草,有数种。生于沼泽,蒲叶肥根,高二三尺者,泥蒲也,名白菖;生于溪间,蒲叶瘦根,高二三尺者,水蒲也,名溪荪;生于水石之间,叶有剑脊,瘦根密节,高尺余者,石菖蒲也;养以沙石,愈剪愈细,高四五寸者,叶葺如韭者,亦石菖蒲也。

有意思的是,尽管按今天的植物学分类,这里又被称为水蒲的溪荪并不属于菖蒲属而属于鸢尾科鸢尾属,但古人是将其当作菖蒲看待的。直至清代,陈淏子在《花镜》中也说道:"品之佳者有六——金钱、牛顶、虎须、剑脊、香苗、台蒲。凡盆种作清供者,多用金钱、虎须、香苗三种。"而盆养菖蒲正是从北宋年间开始盛行的。当时菖蒲的根、叶、株及附着的怪石、盆水均被视为观赏的对象,因而盆养菖蒲就成为庭园与文人书斋中常见的摆饰物。在居室中盆养菖蒲的另一个原因是:古人认为菖蒲能吸收居室里点燃灯烛时释放的烟气,从而改善居室空气环境,对人的眼睛和呼吸道都能形成一定的保护。中国古代士人也常以石菖蒲表达自己的心境,北宋苏东坡在《石菖蒲赞并叙》中写道:"至于忍寒苦,亦淡泊,与清泉白石为伍,不待泥土而生者,亦岂昌阳之所能仿佛哉?"同时石菖蒲还象征着文人不畏权贵的气节,像宋代王炎的《石菖蒲赋并序》中说道:"四时青青不改色兮,烈日凝冰无能厄兮。"而在盆养菖蒲的传统栽培方法中最常用的一种即为附石法,就是把石菖蒲种植于奇石的洞穴或低凹处,让根扎入石缝中或附着于山石上。仍然是在王象晋《二如亭群芳谱》中,有一段话就详细介绍了个中原委:

> 芒种时种以拳石,奇峰清漪,翠叶蒙茸,亦几案间雅玩也。石须上水者为良……武康石浮松,极易取眼,最好扎根,一栽便活,然此等石不甚贱,不足为奇品。惟昆山巧石为上,第新得深赤色者,火性未绝,不堪栽种,必用酸米泔水浸月余,置庭中日晒雨淋,经年后,其色纯白,然后种之,篾片抵实,深水盛养一月后便扎根,比之武康诸石者,细而且短。羊肚石为次,其性最碱,往往不能过冬。

古人通过生活实践，逐渐认识到昆石正是菖蒲盆栽的最佳伴侣，因而昆石也就随着菖蒲盆栽的风行成为虚斋清供中的上品。而昆山巧石之巧，巧在其窍。

昆山石除了有栽种植物的功能外，还有一个重要功能，就是放在案几上作为摆设，来增添风雅之气氛，满足文人的观赏之情。张雨的《得昆山石》诗的后四句，就表达了这种娱乐之情："孤根立雪依琴荐，小朵生云润笔床。与作先生怪石供，袖中东海若为藏。"今人王晓阳在谈到这首诗的时候阐发道："张雨把昆山石放在琴旁边，这个洁白耸立的昆山石像是站立在雪中的片玉，和优雅的古琴相得益彰；张雨把昆山石放在砚台前面，这块幽渺似玉的昆山石好像招来了云朵，湿润了笔床。如果单独把昆山石放在高高的案几上供起来，这座小小的孤峰山峦能够激起广泛的想象，好像浩瀚的东海都藏在袖中，真是让人浮想联翩，神思不已。"

林有麟撰就的《素园石谱》是明代十分突出的一部赏石谱录，书中也单列"昆山石"："苏州府昆山县马鞍山于深山中掘之乃得玲珑可爱，凿成山坡，种石菖蒲花树及小松柏。询其乡人，山在县后一二里许，山上石是火石，山洞中石玲珑，栽菖蒲等物最茂盛，盖火暖故也。"这里提到了当时当地乡民的一个看法，那就是昆山巧石适宜栽种菖蒲是因为其石性暖，有利于菖蒲生长。尤为值得一提的是，《素园石谱》原抄本里还附有手绘石图两幅，一题为"昆山石"，一题为"烟波含宿润，苔藓助新青"，后一题源出唐代诗人刘禹锡的《和牛相公题姑苏所寄太湖石兼寄李苏州》。紧接上述对昆山石的说明，抄本里还保留了一首张伯起（张凤翼）题的七言诗："怪石嶙峋虎豹蹲，虬柯苍翠荫空村。亦知匠石不相顾，阅历岁华多藓痕。"

《素园石谱》书影

（昆山市档案馆 提供）

在明人王佐所撰《新增格古要论》纪异篇也讲到昆山石，和《素园石谱》的说法基本一致：

> 昆山石出苏州府昆山县马鞍山。此石于深山中掘之乃得，玲珑可爱。凿成山坡。种石菖蒲花树及小松柏树。佐近询其乡人。山在县后一二里许。山上石是火石，山洞中石玲珑，好栽菖蒲等物，最佳，茂盛，盖火暖故也。

而在明代嘉定人张应文的《论异石》里，还提及了昆石多种形态集于一体的情况："昆山石块愈大，则世愈珍。有鸡骨片、胡桃块二种。惟鸡骨片者佳。嘉靖间见一块，高丈许，方七八尺。下半状胡桃块，上半乃鸡骨片。色白如玉，玲珑可爱。云间一大姓出八十千置之。平生甲观也。"

明代文震亨所著《长物志》，是一部被后世公认的具有独特文化品位、体现生活起居文人趣味的著作，里面对昆山石于宅园居室的配置也有独到的看法："昆山石出昆山马鞍山下，生于山中，掘之乃得。以色白者为贵，有鸡骨片、胡桃块二种，然亦俗。尚非雅物也。间有高七八尺者，置之古大石盆中亦可。此山皆火石，火气暖，故栽菖蒲等物于上，最茂，惟不可置几案及盆盎中。"

在晚明园林学的集大成之著吴江人计成所撰写的《园冶》中，也论及昆山石，基本上作者是照搬了《云林石谱》上的话语，或许是当时昆石数量有限不太易见、质虽硬却易脆不便运输等原因，计成似乎对昆石体会不多，只是保留了适合用于盆景的基本印象："昆山县马鞍山，石产土中，为赤土积渍。既出土，倍费挑剔洗涤。其质磊块，巉岩透空，无耸拔峰峦势，叩之无声。其色洁白，或植小木，或种溪荪于奇巧处，或置器中，宜点盆景，不成大用也。"

相形之下，明代文学家屠隆对"奇古昆石"的向往之意就溢于言表了。他在《考槃余事》卷三说："木者有老树根枝，蟠曲万状，长止五六七寸，宛若行龙，麟角爪牙悉备，摩弄如玉，诚天生笔格。有棋楠沉速，不俟人力者，尤为难得。石者有峰岚起伏者，有蟠屈如龙者，以不假斧凿为妙。"他讲得很清楚，无论是"木者"（老树），还是"石者"（奇石），都应该追求天然，不俟人力，不假斧凿。在谈到盆景与奇石时，屠隆又说："更需古雅之盆，奇峭之石为佐，方惬心赏。至若蒲草一具，夜则可收灯烟，朝取垂露润眼，诚仙灵瑞品，斋中所不可废者。须用奇古昆石，白定方窑，水底下置五色小石子数十，红白交错，青碧相间，时汲清泉养之，日则见天，夜则见露，不特充玩，亦可避邪。"

清代李渔在《闲情偶寄》卷二"居室部"有一节专论"山石"，里面不乏关于掇山赏石的个人心得。其中讲到在宅园居处立山设石对于居者具有陶冶性情的意义："幽斋磊石，原非得已。不能致身岩下，与木石居，故以一卷代山,一勺代水,所谓无聊之极思也。然能变城市为山林,招飞来峰使居平地,自是神仙妙术,假手于人以示奇者也,不得以小技目之。且磊石成山,另是一种学问,别是一番智巧。"他还讲到宅园置石的"透、漏、瘦"审美要求:"言山石之美者,俱在透、漏、瘦三字。此通于彼,彼通于此,若有道路可行,所谓透也;石上有眼,四面玲珑,所谓漏也;壁立当空,孤峙无倚,所谓瘦也。然透、瘦二字在宜然,漏则不应太甚。若处处有眼,则似窑内烧成之瓦器,有尺寸限在其中,一隙不容偶闭者矣。塞极而通,偶然一见,始与石性相符。"李渔还讲到若是清贫寒士,无力堆假山、置大石,在居室、案头布置"零星小石",同样不失风雅:"贫士之家,有好石之心而无其力者,不必定作假山。一卷特立,安置有情,时时坐卧其旁,即可慰泉石膏肓之癖。若谓如拳之石亦须钱买,则此物亦能效用于人,岂徒为观瞻而设?使其平而可坐,则与椅榻同功;使其斜而可倚,则与栏杆并力;使其肩背稍平,可置香炉茗具,则又可代几案。花前月下,有此待人,又不妨于露处,则省他物运动之劳,使得久而不坏,名虽石也,而实则器矣。且捣衣之砧,同一石也,需之不惜其费;石虽无用,独不可作捣衣之砧乎?王子猷劝人种竹,予复劝人立石;有此君不可无此丈。同一不急之务,而好为是谆谆者,以人之一生,他病可有,俗不可有;得此二物,便可当医,与施药饵济人,同一婆心之自发也。"

清代博物类著述中提及昆山石的,有谷应泰《博物要览·志石》:"昆山石产苏州府昆山县。产土中,为赤泥渍溺倍费洗涤。其石质色莹白,巉岩透空宛转,无大块峰峦者。土人或爱其石色洁白。或种溪荪于奇巧处,或置之器中,互相贵重以求售。"还有陈元龙《格致镜原·石部》:"昆山石出昆山县马鞍山。此石于深山中掘之乃得玲珑可爱。凿成，山坡种石菖蒲花树小松柏树。山在县后一二里许。山上石是火石，山洞中玲珑石好栽菖蒲等物。最佳。茂盛。盖火暖故也。昆山石类刻玉。不过二三尺而止。案头物也。"似均为对前人记载的转述。

欣赏昆石，确实是一门从无字处读书的学问。天然一奇石，或浑朴古雅，或玲珑秀巧，或金英缤纷，或如黛似翠，令人久久谛视，继而在品读中悟通大自然的进退沉浮和造化史的起伏顺逆。

题名：云梦心香
石种：海蜇峰
规格：26×23×13cm
（张洪军　摄）

第二节 片语可人：

历代昆石诗咏

1. 宋·石公驹

《玲珑石》

昆山产怪石，无贫富贵贱悉取置水中，以植芭蕉，然未有识其妙者。余获片石于妇氏，长广才尺许，而峰峦秀整，岩岫崆岘，沃以寒泉，疑若浮云之绝涧，而断岭之横江也。乃取蕉萌六植其上，拥护扶持，今数载矣。根本既固，其末浸蕃。余玩意于此，亦岂徒役耳目之欲而已哉。

蘶蘶六君子，虚心厌蒸烦。相期谢尘土，容与水石间。

粹质怯风霜，不能尝险艰。置之或失所，保护良独难。

责人戒求备，德丰则才悭。我独与之友，目击心自闲。

风流追鲍谢，秀爽不可攀。如此君子者，足以激贪顽。

小人类荆棘，屈强污且奸。一旦遇剪薙，不殊草与菅。

视此六君子，岂容无腼颜。

2. 宋·朱翌

《陪昆山邑游慧聚寺诗》

日暗蒲针绿，风回柳影圆。
绀宇欣留屐，炎官快著鞭。
奇甚梁唐迹，伟哉张孟篇。
留滞江湖远，惊呼岁月迁。
笔向晴窗落，名垂漆榜鲜。
飞盖干霄上，危栏挂斗偏。
石镂珍球怪，杉重翠幄妍。
雨脚斜侵户，湖光远拍天。
时节酒中过，襟怀物外缘。
好乞弹丸地，聊成痼疾烟。
好山如有旧，胜事颇相牵。
神工盘发髻，妙手活蜿蜒。
故人逢异县，旧话说当年。
还同一笑乐，相与对床眠。
味腴知茗胜，势猛觉棋仙。
压云云掩苒，待月月婵娟。
迎风拳乳鹊，尽力叫饥蝉。
徐浇白玉酿，笑折水晶莲。
安居岂城市，避世必林泉。
山祇应许我，木杪架飞椽。

3. 宋·杨备

《昆丘》

云里山花翠欲流①，

当时片玉转难求。

卞和死后无人识，

石腹包藏不采收。

《昆丘》宋·杨备
（朗诵：何一栋、任亿宸）

---

① 流：也有他版作"浮"。

4. 宋·曾几

《乞昆山石》

余颇嗜怪石，它处往往有之，独未得昆山者，拙诗奉乞，且发自强明府一笑。

昆山定飞来，美玉山所有。山祇用功深，剜划岁时久。

峥嵘出峰峦，空洞闭户牖。几书烦置邮，一片未入手。

即今制锦人，在昔伐木友。尝蒙投绣段，尚阙报琼玖。

奈何不厚颜，尤物更乞取。但怀相知心，岂惮一开口。

指挥为幽寻，包裹付下走。散帙列岫窗，摩挲慰衰朽。

5. 宋·范成大

《水竹赞并序》

昆山石奇巧雕镂，县人采置水中，种花草其上，谓之水寠，而未闻有能种竹者。家弟至存遗余水竹一盆，娟净清绝。众寠皆废。竹固不俗，然犹须土壤栽培而后成。此独泉石与俱，高洁不群，是又出乎其类者。赞曰：

《水竹赞并序》宋·范成大
（朗诵：何一栋、李靓倩）

竹君清癯，百昌之英。伟兹孤根，又过于清。

尚友奇石，弗丽乎土。濯秀寒泉，亦傲雨露。

辟谷吸风，故①射之人。微步凌波，洛川之神。

蝉脱泥涂，同于绝俗。直于高节，此君之独。

棐几明窗，不受一尘。微列仙儒，其孰能宾之？

---

① 故：也有他版作"姑"。

6. 宋·陆游

《菖蒲》

雁山菖蒲昆山石，陈叟持来慰幽寂。

寸根蹙密九节瘦，一拳突兀千金直。

清泉碧缶相发挥，高僧野人动颜色。

盆山苍然日在眼，此物一来俱扫迹。

根蟠叶茂看愈好，向来恨不相从早。

所嗟我亦饱风霜，养气无功日衰槁。

《菖蒲》宋·陆游
（朗诵：徐勃）

7. 宋·陆游

《堂中以大盆渍白莲花石菖蒲翛然无复暑意睡起戏书》

海东铜盆面五尺，中贮涧泉涵浅碧。

岂惟冷浸玉芙蕖，青青菖蒲络奇石。

长安火云行日车，此间暑气一点无。

纱幮竹簟睡正美，鼻端雷起惊僮奴。

觉来隐几日初午，碾就壑源分细乳。

却抽燥笔写新图，八幅冰绡瘦蛟舞。

8. 宋·舒岳祥

《为昆石蒲苗删去蕉叶戏成》

细雨幽窗晓露垂，

雁苗昆石两相宜。

老翁拔白知无用，

且为昌蒲镊退髭。

《为昆石蒲苗删去蕉叶戏成》
宋·舒岳祥
（朗诵：沈昊亮、付芊芊）

9. 宋·舒岳祥

《石上种剑蒲其脊成矣非陶隐居所谓溪荪者耶》

昆山片玉天生润，雁荡移来手自栽。

禅客久亲清少病，山童勤拂净无埃。

叶端洒洒通心露，根畔疏疏引水苔。

必有事焉还勿助，此方端自养原来。

10. 宋·释居简

《僧蓄菖蒲盆误触坠地求语》

昆山拳石定州盆，上有蓬瀛九节根。

又是一番成住坏，路逢芳草亦销魂。

11. 宋末元初·林景熙

《昆岩》

昆山在州治西南，雄于众山，为州城之表，巨岩冠其巅，俗名古岩山。有孔穴空洞可容数十人，世称昆阳，盖指此山。

神斧何年凿，南山片石盘。

玉藏仙箓古，翠落县门寒。

老木天边瘦，归云雨外残。

市尘吹不到，朝夕静相看。

12. 元·张雨

《袁子英来承惠昆山小峰峭绝可爱敬赋诗厕诸阆州瓢松化石之间》①

昆丘尺璧惊人眼，眼底都无嵩华苍。

隐若连环蜕②仙骨，重于沉水辟寒香。

孤根立雪依琴荐，小朵生云润笔床。

与作先生怪石供，袖中东海若为藏。

《袁子英来承惠昆山小峰峭绝可爱敬赋
诗厕诸阆州瓢松化石之间》元·张雨
（朗诵：梁晓明）

---

① 此题目也有他版为《袁子英来承惠昆山小峰峭绝可爱敬赋诗厕诸阆州瓢松石之间云兼东玉山隐居》。
② 蜕：也有他版作"脱"。

13. 元·张雨

《云根石》

隐隐珠光出蚌胎,白云长护夜明台。

直将瑞气穿龙洞,不比游尘汗马氅。

岩下松株同不朽,月中鹤驾会频来。

君看狠石英雄坐,寂莫于今卧草莱。

14. 元·郑元祐

《得昆山石》①

《得昆山石》元·郑元祐

（朗诵：彭蕴）

昆冈曾蕴玉，此石尚函辉。

龙伯珠玑服，仙灵薜荔衣。

一泓天景动，九节润② 苗肥。

阅世忘吾老，苍寒意未违。

15. 元·顾瑛

《次琦龙门游马鞍山》

马鞍之山幽且佳，回岩叠巘多僧家。

鸡唱推窗看晓日，海色烂烂开红霞。

人言兹山出美玉，一草一木皆英华。

石头崭岩踞猛虎，藤蔓荦确缠长蛇。

---

① 此题目也有他版为《昆山石》。
② 润：也有他版作"涧"。

我昔春游春日斜,山僧携酒邀相遮。

仙乐云中降窈窕,天风松下吹袈裟。

简师石室憩潇洒,一篱五色蔷薇花。

夜吹铁笛广公院,联诗石鼎烹新茶。

君今好奇良可夸,蹑云着屐追麋麚。

诗成大字写绝壁,山灵卫护行人嗟。

归来自驾白牛车,齐州九点元非遐。

下方蠢贼聚如蚁,视之不啻恒河沙。

16. 元·陆居仁

《玉山草堂》

同宗入洛称三俊,累世留吴尚几家?

谷水千秋书有种,昆山一片玉无瑕。

内台一笑金钗笋,羽灶当携石鼎茶。

见说草堂开绿野,何人分我白鸥沙。

《玉山草堂》元·陆居仁
(朗诵:何一栋)

17. 元·王艮

《追和唐询华亭十咏（其九）·昆山》

兹山孕奇秀，因人得佳名。

人去山亦枯，竹柏藏秋声。

寒泉湛空碧，石穴俨不倾。

焉知千载后，岂无君子生。

18. 元末明初·王逢

《奉题执礼和台平章丹山隐玉峰石时寓江阴》

昭代优勋旧，平章谢斗班。堂开新绿野，玉隐小丹山。

瞰皖文璀错，孚尹气往还。昆丘玄圃畔，台峤赤城间。

不假工雕琢，元承帝宠颁。静容宾从仰，明烛鬼神奸。

秩礼均恒岱，谦光俯粤蛮。俨持周勃节，秀拥楚巫鬟。

树错珊瑚朵，苔封翡翠斑。座袒联绮縠，车毂映朱殷。

或跂双幺凤，时窥一白鹇。炉香岚勃勃，檐雨瀑潺潺。

地缩三鳌岛，天长九虎关。文饶淫玩好，灵运癖跻攀。

日月由来绕，风云不暂闲。殷曾求傅说，汉亦聘商颜。

金匮盟藏券，青春诏赐环。皇基同永固，国步罢多艰。

馆阁题千首，琮璜价百镮。愿移铭盛烈，褒史著人寰。

19. 元·宋褧

《游昆山慧聚寺和唐人诗二首（其二）》

天外山光近，峰颠海气吞。

潮凭风作阵，云藉石为根。

鸟重烟藏树，帆多水绕村。

凭高暂诗酒，回首望脩门。

20. 元末明初·胡奎

《题盆池白石号昆仑积雪》

盆池秋水碧涓涓，中有昆仑雪一拳。

若待三年生玉子，便呼此地作蓝田。

《题盆池白石号昆仑积雪》
元末明初·胡奎
（朗诵：李靓倩、方梓豪）

21. 元末明初·刘崧

《题昆丘山水图为李德昌赋》

姑苏好山名昆丘，玉作芙蓉凌九秋。

至今宝气伏光彩，白石磊磊皆琳球。

问君何年宅其下，桂馆芳堂极潇洒。

篱月当窗烂不收，松风扫屋声如泻。

山林真乐安可忘，时援绿绮歌清商。

自来南京直大省，长对新图怀故乡。

图中云壑更窈窕，双塔参差出林杪。

花开何处望长洲，日落遥空送飞鸟。

道逢两翁如松乔，我欲从之安可招。

便当携酒上绝顶，与子共看沧江潮。

22. 元末明初·谢应芳

《昆山陈伯康筑亭山巅杨边梅过之题曰玉山高处且为赋诗命郭羲仲刘景仪及余和之》

神仙中人铁笛老，爱尔玉山双眼青。

玉山高处挂手杖，铁笛醉时围内屏。

天生丹穴凤为石，东望黑洋鲲出溟。

人杰地灵风物美，绝胜西蜀子云亭。

23. 明·王穉登

《失题》

粉蝶藏青㠄，相携胜侣行。

雷焚寺里塔，潮打石边城。

地想金曾布，山将玉得名。

故乡无百里，已有白云生。

24. 明·吴宽

《玉峰》

昆冈玉石未俱焚，古树危藤带白云。

小洞烟霞藏木客，下方箫鼓赛山君。

千家居屋黄茅盖，百里行人白路分。

更上双峰最高处，沧溟东去渺斜曛。

25. 明·吴宽

《送吴德徵》

溽暑宜多雨，南行又见君。

开尊临积水，挂席带疏云。

片玉昆山出，清风建业分。

乡邦为别意，投赠愧无文。

26. 明·吴宽

《送秦廷赞副使》

万里遥瞻贵竹行，九重垂念远人情。

昆山片玉浑无价，画省清风最有声。

杯送夜筵歌宛转，棹移秋水击空明。

枲司不是投闲地，莫过长沙问贾生。

27. 明·夏原吉
《昆山》

昆阜遥看小一拳，登临浑似接青天。

神钟二陆人才俊，气压三吴地位偏。

岩溜下通僧舍井，林霏近杂市庐烟。

何时重著游山屐，来访当年种玉仙。

28. 明·朱曰藩
《题阶下新移小昆石》

冷凿何山骨，崚嶒此见分。

球琳来洞府，罗刹面峰文。

金屑宜调乳，朱明亦吐云。

北窗清夏晚，苔竹助清芬。

29. 明·李东阳
《送盛郎中洪归省昆山》

省郎飞步蹑仙梯，驷马门高绰楔低。

春暖旧山多玉种，岁寒芳树有莺栖。

封章一一题名字，归梦时时绕路蹊。

今日圣恩教暂去，望君长傍五云西。

30. 明·李东阳

《题昆山屈钥画竹》

太常墨竹似彭城,又到江南屈处诚。

可是昆山能种玉,一枝初老一枝荣。

31. 明·黄佐

《昆山谣送王子绳武归省》

昆山何在,在娄江之湄。

江流浩浩,其中石离离。

上有玉树樛其枝,啼乌哑哑枝上栖。

乌啼不休江水移,野风骚屑明星稀。

江介有芳,彼美者蘺。

艾而张罗,子于何飞。

有母今得奉饙糜,有如清水白石长相依。

不能随鸿鹄,逐逐稻粱空念饥。

天寒阻冰雪,徘徊岐路尚将安归。

32. 明·胡应麟

《送章博士之昆山》

共作燕台客，君归思欲狂。

双鸿驰海岸，独马倦河梁。

故国兰苕近，新斋苜蓿长。

昆冈偕片玉，献岁到明堂。

33. 明·袁华

《赋得昆山送蔡广文》

之子驾言迈，春览昆丘颠。

钟秀自前古，闻名由昔贤。

昔贤去已远，兹山还岿然。

玉气润凝雨，鹤声清闻天。

遥思解组日，何如入洛年。

献纳有余暇，为续昆山编。

34. 明·谢缙

《题昆山陈隐君玉峰清兴诗卷》

吴门东望郁岩峣，秀色凌空近可招。

路转翠微知有寺，地连沧海见生潮。

洞中景似桃源小，云外踪疑石磴遥。

闻说诛茅栖隐者，几多清兴逼尘嚣。

35. 明·王叔承

《昆山石》

朝夷齐，暮盗跖，何物不可取，诛求到山石。昆山石，吁嗟尔尔如玉人，如鬼狐狸化美女，往往成西施。据兹谈道者，孔颜亦可疑。兰陵失却独孤树，樵李乃得千斤白。郁林太守归去来，船头片石今翻丑。

36. 明·张凤翼

《题乔柯秀石》

怪石嶙峋虎豹蹲，虬柯苍翠荫空村。

亦知匠石不相顾，阅历岁华多藓痕。

37. 明·周子谅

《菖蒲诗》

溪毛剪雨森森玉，细叶铺香晚花绿。

昆山石笋瘦如龙，银沙九节种春丛。

高堂坐客青云气，凤羽翘烟散花机。

莫教秋质易阑珊，日日铜瓶换芳水。

38. 明·紫柏真可

《昆石》

昆仑太崔巍，飞剑斩其顶。

置之几席间，烟云朝夕暝。

39. 明·吴祺

《马鞍山》

卓哉奇绝峰，佳气时融融。

孕兹一方秀，屹为诸山雄。

下极人楚丽，中藏石玲珑。

流盼旷原壤，信知造化工。

《马鞍山》明·吴祺
（朗诵：李密）

40. 明末清初·彭孙贻

《信弦以英石相饷有作》

江南惟知重昆石，岭外奇石来无因。

怜君万里长作客，归装嶙峋经岭头。

道傍尽目谓珍怪，槎丫破窍云忽流。

一拳致我沇阳碧，绉瘦横皴不盈尺。

庭中众礐尽改容，仇池九华忽无色。

米颠好石徒好奇，何用袍笏擎跽之。

石如有灵当见唾，荷衣与尔乃相知。

我行猿狖中，归卧沧海上。

虚堂长日欲无暑，与君散发屼相向。

五指参天午梦中，恐有云涛卷盆盎。

41. 明·归昌世

《赠沈翁诗》

练水竹既佳，玉峰石亦古。

竹石共清幽，与君互客主。

一樽窗前月，双屐山中雨。

试看杖头铭，微尘有如许。

42. 清·归庄

《昆山石歌》

昔之昆山出良璧，今之昆山产奇石。

出璧之山流沙中，产奇石者在江东。

江东之山良秀绝，历代人才多英杰。

灵气旁流到物产，石状离奇色明洁。

神工鬼斧斫千年，鸡骨桃花皆天然。

侧成堕山立成峰，大盈数尺小如拳。

奇石由来为世重，米颠下拜东坡供。

今日东南膏髓竭，犹幸此石不入贡。

贵玉贱石非通论，三献三刖千古恨。

石有高名无所求，终老山中亦无怨。

世道方看玉碎时，此石休教更炫奇。

嗟尔昆山之石今已同顽石，不劳朱勔来踪迹。

《昆山石歌》 清·归庄

（朗诵：张婷婷）

43. 清·归庄

《马鞍山三十韵》

马鞍特陡拔，西北倚昆城。

势压委江近，疆连茂苑平。

崇冈仍坦迤，绝巘自峥嵘。

梵宇林端出，浮图云外擎。

危崖森古木，旷域丽雕甍。

湖荡千舟网，原田万耦耕。

凭高从野客，搜穴待山精。

礌空生奇石，玲珑类斫成。

室中髹几供，花下古盆盛。

往代多人物，先朝益挺生。

文庄勋绝大，恭靖望尤清。

理学庄渠著，文章太仆名。

皇舆当败绩，臣节竞垂声。

不是凭灵秀，安能产俊英。

胜区传自古，美景废于兵。

丘壑元无改，楼台半已倾。

名山多奇迹，拳石且娱情。

自少携樽数，虽衰振屐轻。

林花然骤雨，谷鸟唤新晴。

乘此探幽好，兼之眺远明。

桃源窥洞窄，凤石叩声铿。

文笔峰千尺，玉泉井一泓。

阳城春水阔，秦柱暮云横。

村落何皇后，园亭顾阿瑛。

高篇东野唱，古调半山赓。

城市虽难隐，岩峦孰与争。

残阳扶杖送，皓月倚楼迎。

林下宜棋局，花间称酒觥。

山形同立马，人意似悬旌。

自笑空飘泊，穷年何所营。

44. 清·任绳隗

《清明日游昆山》

昆山一片石，巉秀称奇绝。

不使土附之，削肤仅存骨。

扪萝数十盘，宛转踞其脊。

流云湿松杉，回绕佛坛出。

眼前无华岳，此亦去天尺。

所以惯游人，不如乍来客。

佳人飘缟带，湘佩穿林陌。

婉约故可怜，含凄况寒食。

春风吹古道，芳草眠残碣。

车马虽复喧，荒原自空碧。

我能真赏见山灵，不独寻常寄游迹。

钟声日暮下镫龛，迟却十年来面壁。

45. 清·彭孙遹

《舟中望昆山（其一）》

昆山一片石，时与白云侵。

领此岩阿秀，知予丘壑心。

天低孤塔影，人住数峰阴。

定有烟霞客，相依共结林。

46. 清·查慎行

有关昆石的无名诗

昆山一名玉峰，周围二里许，似累石而成者。唐张祐、孟郊有诗，与盖屿所画山图同留慧聚寺中，向有石刻。宋皇祐中，王半山以舒州倅至县相水利，登山阅二公诗，次韵和之，时称四绝。淳熙中，寺毁于火。自唐以来，名流题咏，及杨惠之所塑毗沙门天王像（或云张爱儿所作），李后主所书榜额，一扫无余。今准提阁壁间石刻三公诗，乃后人补刻，非故物也。正月十六日，同张昆诒、卢素公登山，感怀往迹，为详考本末，并系以诗。

吴中园囿爱假山，家家画藁模荆关。

此山本真翻似假，怪石叠起孤城间。

奇峰尤在西南颊，缥缈玲珑还戍削。

游人仰视一线天，信有孤云生两角。

几辈留题盛昔贤，曾闻摹勒载名篇。

昆冈烈火精蓝尽，何物能为金石坚。

人间假合夫何有，差是令名堪不朽。

我诗写意直取真，嗤点还须防众口。

47. 清·陈竺生
《登马鞍山》

朗然玉山行，玉山迥绝俗。

中润含粹温，外朴谢文缛。

秋风扫晴翠，凌空造起伏。

取径陟层巅，路仄步移促。

深丛绿几团，因树便为屋。

我来十日游，朝夕踏山麓。

俨作裴叔则，已是非分福。

薜荔者谁子，见示玲珑玉。

买得一卷归，温润若新沐。

自诧两袖底，居然腾海岳。

48. 明末清初·李澄中

《过庞雪崖检讨观昆山石》

我本山中人，枕石采红药。

三年隔岩栖，幽意靡所托。

忽睇几上峰，聊可慰寂寞。

苍翠岚气余，玲珑鬼斧削。

意象触类成，阴洞含雨脚。

遐心感夙昔，慨焉倦丘壑。

49. 清·王时翔

《秋涯检讨斋观昆山石歌》

蓬瀛仙人秋涯子，抛却蓬瀛反乡里。

空斋无事亦无言，终日支颐凭净几。

谁赠昆丘一片云，灵奇缥缈移于此。

陂陀宛转岩峦峻，鬼斧无痕斫天髓。

菖蒲不老生九节，高下丰茸青猗靡。

素甃白圆如满月，浸以澄波山在水。

秋涯子对之心剧喜，忽然好事如少年。

置酒延宾张厥美，在此位者宜为辞。

酒酣有客高歌起：

"秋涯子！君胡为兮赋归来，漱石枕流良有以。

海蜃青红顷刻销，山罨彩翠须臾委。

一泓清浅镇悠悠，一拳峻嶒长齿齿。

已焉哉！尘中何处著神仙，蓬岛瀛洲此间是。

噫吁戏吾知之矣！"

50. 清·陆学钦

《题王东庄蒲石图为金丈以埏》

雁山菖蒲昆山石，我家放翁曾赋诗。

诗中云可慰幽独，珍重不啻珣玗琪。

卧游主人今放翁，清泉碧岳寄兴同。

劫来示我一尺画，东庄老笔纷蒙茸。

不须服食聊静对，此意可以骄韩终。

51. 清·李福备

《题绉云石》

昆山多佳石，近者亦罕觏。

闲时偶访之，一二特奇秀。

玄云峙簧宫，百尺森危岫。

排空欲成雨，日光冷清昼。

又有寒翠峰，净无苔藓绣。

亭亭似美人，竹外曳长袖。

其余未问名，质亦清且瘦。

西园久荒榛，沈埋伴井甃。

灰飞劫火余，年深归颠仆。

遭逢会有数。

52. 清·顾王霖

《昆石歌》

精卫填石东海冤，堕落海隅如一拳。

石质精坚土花绣，胚胎磊砢如雕镌。

其皴劈斧其质白，泥沙爬剔沸水煎。

高者盈尺小者寸，座以檀木升几筵。

土人籸剧市三倍，购之不惜青铜钱。

壶中九华差可拟，宣州白石犹逊妍。

入袖况令米仙拜，驱海曾避秦皇鞭。

山神近日颇悭吝，粗沙大石无斓斒。

君不见，昆仑之石可抵鹊，玲珑之石仍称顽。

匪因人力太斫削，胡为韫璞无藏山。

或者精英不钟石，当有俊杰生其间。

53. 清·吴绮

《和庞大家香奁琐事杂咏》

菖蒲新绿细堪梳，昆石玲珑嵌碧虚。

一研冷云花影下，鲍娘新折大雷书。

54. 清·卞永誉

《倚玉轩在若墅堂后傍多美竹面有昆山石》

倚槛碧玉万竿长，更割昆山片玉苍。

如到王家堂上看，春风触目总琳琅。

55. 清·黄图珌

《昆山遇雪》

偶因雨作赋，却又雪催诗。

一片昆山石，均成白玉姿。

56. 清·齐学裘

《蔡君李白以英石旧磁四品相贻并赠长歌倒次其韵奉酬》

……吴陵得一昆山石，峰峦洞壑浮沤泡。色白如雪常架笔，无疵不怕人吹毛。长伴风砚奔南北，骚坛往往争夺标。迩来蹉跎负岁月，感怀离索劳同僚……

57. 现当代·孙玄常

《题石丁印存〈方寸集〉》

昆山奇石天下无，剔透玲珑玉不如。

石丁妙得山川气，铁笔纵横皆如意。

不薄古人厚今人，心师造化存其真。

二纪长安人海中，亲传法乳遇粪翁。

粪翁一旦归黄土，君家四散余环堵。

襆被归来幸无咎，一笑故态仍依旧。

我到长安不见君，差喜天涯如比邻。

祇恨白头相见难，何年把酒话悲欢。

第三节 石亦能言：

昆石的民间故事与传说

【马鞍山和玉峰山的由来】——《亭林园志》

盛产昆石的这座山叫作"马鞍山"和"玉峰山"，一座山有两个名字，在民间流传着这样一个故事：

关于马鞍山又名玉峰山，一山二名的由来，普遍的记载是因山势东峰低西峰高，中间低，形似"马鞍"和山产玉石而命名"马鞍山"和"玉峰山"，但民间传说则更深一层，述说了"马鞍""玉峰"的形成。

传说，这是孙悟空的杰作。孙悟空被太白金星大仙骗到天宫，当了个管马的官"弼马温"。实际上是被软禁在天宫的养马场里。

没过多久，孙悟空便得知自己是天宫里最小的官，不由火冒三丈，勃然大怒，挥舞起金箍棒大闹起天宫来。天上的各路大仙都被孙悟空打得落荒而逃，不知去向，连玉皇大帝也吓得浑身发抖，钻到桌底下躲藏起来。

孙悟空将天宫闹得不成样子，一直打到凌霄殿，殿内神仙都逃之夭夭，殿内空无一人。只见殿堂当中摆着几桌丰盛的佳筵，那是玉皇大帝准备宴请西天如来佛祖的。孙悟空当时灵机一动就把桌子上的山珍海味、玉液琼浆，一股脑儿统统装到自己的乾坤袋里，高高兴兴准备带回花果山给小的们痛快地享用一番。

孙悟空使了个隐身法，一个筋斗逃出南天门，腾云驾雾，回花果山去。途中，觉得有点累了，停在云头上往下一看，发现东海西岸有座小山，山周围是一大片长满庄稼的平原，这座小山山色青翠、雅静秀丽，他想，很快就要到花果山了，不妨在此打个瞌睡，休息片刻再走。因此，他就从云头上降下来，落到小山上，因为太累，倒下来便睡着了。

《亭林园志》
（昆山市档案馆　提供）

不知过了多久，孙悟空一觉醒来，无意中把脚一蹬，由于用力过度，山顿时变得两头高中间低，状如马鞍。他一看不妙，赶紧翻了个跟头，准备驾云回去，但不慎碰倒了乾坤袋，顷刻玉液琼浆渗遍了整座山，于是石头就变成了洁白的玉石。这种玉石便是昆石，又叫玲珑石。所以只有昆山这座山才有这种石头，而马鞍山、玉峰山的名称由此产生。

《昆山民间故事精选》

（昆山市档案馆　提供）

【马鞍山三奇】——《昆山民间故事精选》

昆山城内有一座山，因其形状像马鞍一样，故名马鞍山。此山仅八十余米高，加之出产中国四大名石之一的"昆石"，故被人誉为"江南片玉"。马鞍山有三个奇迹。第一是玉峰井，井在山顶正中央，深几十丈，水从山底涌到井口，汲水煎茶，味道甘甜，不输无锡惠泉。第二是凤凰石，石在后山，相传曾经有凤凰飞来栖息，故而得名。第三是桃源洞，洞在前山半腰，洞里面有条狭窄的地道，只容得一个人走动，可以通到常熟。从昆山到常熟有五六十千米，步行要一天时间。如果从桃源洞里走，只要点燃一支小红烛，蜡烛点完就可以到达，非常近便。

有一次，一个人从昆山到常熟，另一个人从常熟到昆山，走到一半相遇，因洞狭小，两人无法同时通过。他们谁也不肯掉转身子谦让,一直僵持着。蜡烛点光了,他们仍然直挺挺地阻挡着对方。结果,两人就活活憋死在洞里,两具尸体变成了挡路石,把桃源洞堵死。从此,昆山、常熟之间就没有近路可通了。

【玉马和老人峰的传说】——《昆山县志》

早先,昆山半山桥堍有一对老夫妻,摆个豆腐摊过日子。一副磨豆腐的磨子还是几十年前老头子在马鞍山上拾到一块圆石,请石匠师傅凿成的。有个觅宝的江西人到昆山,肯出一千两银子买这副磨子。老夫妻俩当江西人喝醉了酒开玩笑。江西人一本正经地说:"昆山人全晓得马鞍山里藏着一对活的玉马,可就是不晓得怎样去开山取宝。这磨子的上半爿,就是打开山门的钥匙。"

老夫妻俩点点头,承认听到过这个传说。老太婆问江西人:"有了钥匙,但怎样开呢?"江西人说:"每天午时三刻,将上半爿磨子对准西山嘴角巨石的瘪槽撞三记……"

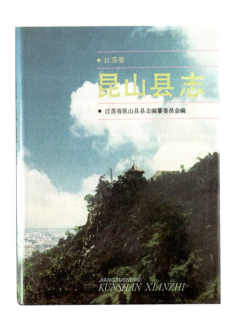

《昆山县志》

(昆山市档案馆　提供)

江西人作刁，讲了一半不讲了。老头子不耐烦地说："别来瞎说白说的，我不相信，你走开！"

江西人还是不断地恳求着，愿意再增加五百两银子买下磨子。老夫妻俩心中打好"小九九"，无论怎样提价，就是不卖。江西人只好走了。

老夫妻俩欢天喜地地合计开来，要是真能得到一对玉马，哎嗨！老两口一下子就可以成为昆山城里的大富翁了。他们决定马上取宝，双双来到马鞍山西山嘴角那块巨石前，守到午时三刻，抬起上半爿磨子，朝巨石的瘪槽里撞了三记。石门顿时裂出一道豁口，露出一个又深又宽的山洞来。老夫妻俩又惊又喜，慌忙丢下磨子朝洞口张望。只听得马蹄声从远到近传了过来，眼睛一眨，两匹像水晶一样晶莹剔透的玉马，飞一般地奔往外来，逼近老两口面前，老夫妻俩慌得手忙脚乱，不知怎样下手。

两匹玉马遇见了生人，蹦跳着一声长鸣，猛一回头，把洞口的磨盘踢得滚进了石门内。老太婆赶紧跟进去抢拾，老头子刚想跟进去，只听得"轰"一声巨响，石门重新关上，老夫妻俩就这样活活被隔开。老头子想要搭救老太婆，用头颅、肩膀没命顶撞石门，撞得头昏眼花，可是再也没有办法打开石门了。

过了几天，江西人又到昆山来，听老头子一头哭一头讲出经过，顿顿脚叹着气说："完了，完了，那上半爿磨子是钥匙，下半爿磨子是顶门柱。打开石门不顶住，石门很快会自动关上。钥匙掉进山洞里，这扇石门永远没有办法打开了。"

从此以后,两匹玉马再也没有出现过。可怜的孤老头子天天站立在西山嘴角,望着石门,日思夜想着被关在山洞里的老太婆。老头子忘记了吃饭,忘记了睡觉,竟在山头变成了石头。从此,人们便叫这个山头为"老人峰"。

马鞍山

(昆山城市建设投资发展集团有限公司　提供)

第六章　玲珑逸友

编后记

昆山有两个"昆"字招牌：昆曲和昆石。它们一柔一刚，折射出昆山人刚柔并济的奋斗精神。

2020年10月，中国地方志指导小组办公室副主任邱新立在听取昆山地方志工作汇报后，建议组织编纂以"昆"字为名的"昆曲"与"昆石"的通俗地情读本，更好地宣传普及"昆"字招牌。

由此，2021年为进一步擦亮"昆"字招牌，挖掘昆山地情义化，助力"江南文化"品牌建设，昆山市档案馆（地方志办公室）启动编写《昆山有戏：昆曲》《昆山有玉：昆石》两书。

《昆山有玉：昆石》在编纂过程中，得到各方的关注和帮助。全书由苏州市职业大学教育与人文学院副教授蔡斌执笔；陈益、王晓阳老师提出修改意见；昆山市观赏石协会副秘书长张洪军提供了大量的一手材料，并为书籍出版审核把关；昆山市美术家协会主席、侯北人美术馆馆长、原昆山文联副主席霍国强为本书题签；昆山城投公司、亭林园、千灯镇等单位和徐耀明、王伟明、张洪军等摄影家为本书提供了大量精美图片、书影；昆山朗诵协会的徐勃、彭蕴、何一栋、任亿宸、张婷婷、李密、李靓倩、方梓豪、沈昊亮、付芊芊、梁晓明为本书献"声"，在此一并表示衷心的感谢！

因编者水平有限，对昆石认识不够，书中难免有不妥之处，敬请指正。

编 者

2021年11月